纺织艺术设计
TEXTILE DESIGN

2011年第十一届全国纺织品设计大赛暨国际理论研讨会
11TH CHINA TEXTILE DESIGN COMPETITION & INTERNATIONAL CONFERENCE 2011

2011 国际拼布艺术展——传承与创新
INTERNATIONAL QUILT FESTIVAL—INHERITANCE & INNOVATION 2011

拼布作品集
WORKS COLLECTION OF QUILT FESTIVAL

田 青 主编

清华大学美术学院
2011年第十一届全国纺织品设计大赛暨国际理论研讨会组委会/编

中国建筑工业出版社

图书在版编目（CIP）数据

纺织艺术设计　拼布作品集/田青主编.—北京：中国建筑工业出版社，2011.3
ISBN 978-7-112-12939-3

Ⅰ.①纺… Ⅱ.①田… Ⅲ.①布料-手工艺品-制作-图集 Ⅳ.①TS105.1-53②TS973.5-64

中国版本图书馆CIP数据核字（2011）第026883号

责任编辑：吴　绫　李东禧
责任设计：董建平
责任校对：姜小莲　关　健

纺织艺术设计　拼布作品集
2011年第十一届全国纺织品设计大赛暨国际理论研讨会
2011国际拼布艺术展——传承与创新
田　青　主编
清华大学美术学院
2011年第十一届全国纺织品设计大赛暨国际理论研讨会组委会/编
＊
中国建筑工业出版社出版、发行（北京西郊百万庄）
各地新华书店、建筑书店经销
北京嘉泰利德公司制版
北京画中画印刷有限公司印刷
＊
开本：880×1230毫米　1/16　印张：13$\frac{1}{4}$　字数：400千字
2011年3月第一版　2011年3月第一次印刷
定价：**126.00**元
ISBN 978-7-112-12939-3
（20373）

版权所有　翻印必究
如有印装质量问题，可寄本社退换
（邮政编码　100037）

卷首语

举世闻名的"丝绸之路",开启了古老中国对外贸易的通道。那些华彩缤纷、美轮美奂、轻盈柔润的神奇织物承载着瑰丽奇绝的华夏文明传遍欧亚大陆,掀开了东西方商贸和文化交流的历史篇章。

在中国传统社会里,纺织品作为一种物化的文化载体,在日常生活中扮演着不可或缺的角色。一对新婚的被面、一条妇人的披肩、一款少女的花袄、一个定情的荷包、一块小儿的肚兜和一抬新娘的花轿,无不寄托着人们对生活的无限热爱和对未来的美好憧憬,平凡的生活由此变得更加精致炫丽、多姿多彩。

随着经济的腾飞和市场化的需求,以消耗资源为代价的劳动密集型的纺织品加工业,显然不符合中国未来长远发展的目标。实现我国经济的可持续发展,构建创新型国家,不断增强我国的综合国力,变"制造大国"为"创造大国",已经成为我国当前上下一致的核心诉求。

"中国创造"预示着中国文化的复兴和繁荣,文化的社会驱动力不仅在社会层面,而且在经济与产业的发展中越来越显示出巨大的生命力。视觉经济、创意经济在像纺织业这样的行业里,其潜在价值是不可估量的。

崇尚"和谐",是中国传统文化的核心内涵和精髓,蕴含了中国人对待人与人、人与物、人与自然的态度和价值观。千百年来,"和"的理念根植于每个中国人的心中,薪火相传,绵延不息。在消费文化所带来的极端物质化、功利化盛行的时代,"和"文化所独有的亲和、淡定和尊重自然、尊重生命的价值观,不断显示出迷人的魅力,散发出人性的光辉,得到世界上越来越广泛的认同。

沈从文先生在50年前曾撰写过一篇题为《花边》的文章刊登在1960年的《装饰》杂志上,文中谈到花边应用在服装上"形成一种美丽装饰效果。特别是在乡村普通家机织的单色蓝青布或条子布,和本色花纱绸料上作适当配合,形成的艺术效果,实显而易见。这种装饰方法直到现代衣料处理上,还是值得好好注意利用它,因为不谈别的,仅仅从国民经济而言,全国年产套印五六种颜色的花布,如有一部分可改用单色或两色代替,只需加上一点花边,即效果崭新,每年为国家节省染料,就不知将要达到多少吨!"这不正符合我们今天所倡导的"低碳生活"吗?

本届"全国纺织品设计大赛暨国际理论研讨会",汇集了世界各国拼布艺术家、纺织艺术设计师以及专家学者。大赛的宗旨是"崇尚和谐、倡导低碳",以纺织文化为切入点,让纺织文化、传统纺织工艺在当代生活中再放异彩,让低碳生活理念深入人心,形成人们的自觉行动。让我们携手共同创建纺织艺术与设计的交流平台,为振兴纺织文化,推动纺织艺术设计教育与纺织行业的健康发展,让世界更加和谐,充满爱的创造。

清华大学美术学院副院长

目录 CONTENTS

卷首语　何洁
2011国际拼布艺术展作品

001　法国阿尔萨斯　An Eun Sook
002　曼陀罗　Bae Eun Mi
003　平稳　Bae Eun Young
004　喜悦　Bae Suk Hee
005　与大海一起呼吸　Baek Mi Jung
006　爱拼布　Bin Chang Hee
007　雪景　Boo-hyung Park
008　九十九＋壹　曹敬钢 /Cao Jinggang
009　诺亚方舟　曹宇坤 /Cao Yukun
010　图案集合　Chang Mi Sun
011　山中的我，眼中的山　Char-Sookla
012　送子鸟　陈春华 /Chen Chunhua
013　交汇　陈立 /Chen Li
014　心　季凤君 /Ji Fengjun
015　快乐家园　陈秀月 /Chen Xiuyue
016　玄舞　陈迅 /Chen Xun
017　关系　Cheon Jae Eun
018　山寺　Cho Bo Kyung
019　Magic Carpet to the Moon　Cho Hyon Hwa
020　松树林　Choi Eun Joo
021　Affection　Choi Eun Ryoung
022　花与鸟 ii　Choi Eun Young
023　On and after Someday　Choi Hea Yeol
024　Empty Nest　Choi Sunhe
025　雪之夜空　Chum Young Lim
026　青花瓷　淳海霞 /Chun Haixia
027　迷惑　邓国平 /Deng Guoping
028　Drayton Hall　Di Ford
029　不褪的记忆　丁敏 /Ding Min
030　Smoke Sauna Vaskiniemi IV　Eija Elomaa
031　A Large Bloom　FUMIKO NAKAYAMA
032　佛蒙特的夏日　GOKE Keiko
033　瓦堂　Han Hye Kyung
034　凹凸　韩丽英 /Han Liying
035　Syo #47　Harue Konishi
036　KOKOMO　Hilkka Luosa
037　不便的真实　Hong Dong Hee
038　花花世界　黄慧纯 /Huang Huichun
039　夏姿　黄明美 /Huang Mingmei
040　约旦断想　Hur Soon Hee
041　鼓　Hwang Bang Sil
042　欢喜　Hwang Eui Kyung
043　两个季节的故事　Jang Hung Sook
044　许多夜晚　Jang Mi kyung
045　秩序与存在　Jang Young Sook
046　林　Jeon Hae Kyung
047　思念　Jeong Jeong Sun
048　色彩 2　Jeong Kyung Hye
049　冒险　Jeong Moon Gab
050　低碳生活　金媛善 /Jin Yuanshan

051	Becoming What Jung Min Gi		077	数码城堡 Ko Eun Kyung
052	Dark Rice Bowls Hanging Kaffe Fassett		078	化合 Ko Young Kyu
053	树 Kang Joo Youn		079	Boutis Kumiko NAKAYAMA
054	深海 Kang Myung Sim		080	流淌的江 Kwon Hyun Jung
055	Sun Beam Katsumi Ishinami		081	辛巴达冒险＃一见钟情 Kwon Hyun Jung
056	Pray for a Rich Harvest Kayoko Oguri		082	Bubble Dream Lee-chungsu
057	心中的自由Ⅱ Kim Eun Joo		083	欢喜 Lee Eun Jung
058	吉祥图Ⅰ Kim Gwan Joo		084	特别的礼物 Lee EunSook
059	落基山 Kim Hong Joo		085	Basler Papiermühle Lee Jong Kyeong
060	古香 Kim Hye Sook		086	树 Lee Joung Ae
061	Up Kim Hyun Mi		087	Phonics 的飞翔 Lee Jung Sun
062	日月五峰图 Kim Jung Ja		088	月之秘密 Lee Kyung Jin
063	实现愿望 Kim Jung Soon		089	空间 Lee Mi Kyeong
064	自然中的拼布 Kim Kyung Ae		090	粉红色彩虹 Lee Na Rae
065	走向成功的开始 Kim Kyoung Hee		091	四季 Lee Ok Nam
066	石枫 Kim Kyung Joo		092	In the Blue Lee Soo Hee
067	光 Kim Mi Jung		093	新年愿望 Lee Seoung Rye
068	日常的话语 Kim Misik		094	我——无形的思想 李 娜 /Li Na
069	太极图案与八卦文 Kim Ok He		095	动静之间 李 薇 /Li Wei
070	繁星闪亮的夜空 Kim Soon Joong		096	绣叠青丝 李 晰 /Li Xi
071	Boltimore Pattern's Travel Bag Kim Su Jin		097	新月系列——蜡缘 李晓淳 /Li Xiaochun
072	解语花 Kim-Sunyoung		098	蝶之恋 沈蓓馨 /Shen Beixin
073	飞上 Kim Yoonkyoung		099	心情 李逸朦 /Li Yimeng
074	Antique Time Kim Young A		100	水田衣 李迎军 /Li Yingjun
075	Celebration Kiyoko Goto		101	生命 李永平 /Li Yongping
076	Live Kiyomi Shimada		102	非洲雏菊 Lim Ae Jin

103	空间2 Lim Mi Won	128	求婚 Park So Young
104	春回大地 林美惠 /Lin Meihui	129	荷塘 Young-hye Park
105	蓝色罂粟花 林幸珍 /Lin Xingzhen	130	厢房 Park Young Sil
106	绽 刘娜 /Liu Na	131	Jours pour un jardin Pascale Goldenberg
107	恸 刘淑琴 /Liu Shuqin	132	De schaar er in Petra Prins
108	玲珑 龙凤仪 /Long Fengyi	133	玫瑰痕 秦寄岗 /Qin Jigang
109	落英 马彦霞 /Ma Yanxia	134	Starry Path Reiko Kato
110	Sadonkorjuun juhla Maarit Humalajarvi	135	贴窗纸 Rhim Young Hae
111	棒棒糖 宋莹 /Song Ying	136	Ripples Rosario Casanovas
112	Country House Mayumi Ueda	137	爸爸的歌 Seo Ae Suk
113	261-07、250-06、263-07 Michael James	138	三重奏 沈晓平 /Shen Xiaoping
114	Fly Me to the Moon Miyamoto Yoshiko	139	如意 盛佩娟 /Sheng Peijuan
115	自然生命 Murakami Mitsuko	140	荷塘月色 石历雨 /Shi Lili
116	Sho-Heart Filled with Gratification Naoko Hirai	141	Imagination Sin Hyun Joo
117	四季 Noh Young Hee	142	花 Son Jae Soon
118	An Arabesque II Noriko Shimano	143	高音 Song Mi La
119	Showing Time 2 Oh Sun Hee	144	Autumu to Where Takako Ishinami
120	荷韵 潘璠 /Pan Fan	145	夕阳西下 Tark Jung Eun
121	平安 潘辽洲 /Pan Liaozhou、王倩 /Wang Qian、金秀辰 /Jin Xiuchen、刘霞 /Liu Xia	146	听 田青 /Tian Qing
		147	消逝中的文化 田顺 /Tian Shun
122	My Precious Park Ae Sil	148	MEDALLION Tuula Makinen
123	晚霞 Park Jung Hee	149	天使之翼 王丽君 /Wang Lijun
124	花与蝶 Park Jung Soon	150	21 王庆珍 /Wang Qingzhen
125	折纸 Park Kyoungshin	151	等待 王霞 /Wang Xia
126	想飞 Park Kyung Hae	152	家乡 王苑 /Wang Yuan
127	幸福 Park Mi Kyung	153	迷离 王圆圆 /Wang Yuanyuan

154	纤维之芽 WATANABE, Hiroko	179	琼絮红棉 张秀幸 /Zhang Xiuxing
155	行云流水 吴波、朱小珊 /Wu Bo、/Zhu Xiaoshan	180	心韵 张玉萍 /Zhang Yuping
156	青绿·山水 吴越齐 /Wu Yueqi	181	草原上的五彩星壁饰 赵毅 /Zhao Yi
157	七巧 许韫智 /Xu Yunzhi	182	Inner Light 郑晓红 /Zheng Xiaohong
158	梦中的单车 Yang Jin Gook	183	塑造 朱医乐 /Zhu Yiyue
159	寻找香巴拉 杨锦雁 /Yang Jinyan	184	生生不息 庄惠兰 /Zhuang Huilan
160	花风 Yang Jeong Sook	185	四合院 陈晓燕 /Chen Xiaoyan
161	自由 杨楠 /Yang Nan		城市 李岩青 /Li Yanqing
162	Movement #4 Yasuko Saito		太阳 毛碧媛 /Mao Biyuan
163	阳光下的玫瑰 YAZAWA Junko		城市之光 魏丽娜 /Wei Lina
164	循环 Yoo Kye Sun	186	对凤对鱼纹背被 贵州台江革一苗族（I）
165	Two Flows Yoshi Nishimura	187	对凤对鱼纹背被 贵州台江革一苗族（II）
166	Sunbonnnet Sue and Billy Yoshiko Sekine	188	几何纹背被 贵州黑苗（I）
167	The Sea of Clouds 6-city Yoshiyki Ishizaki	189	几何纹背被 贵州黑苗（II）
168	延伸的蓝色 有雯雯 /You Wenwen	190	凤穿牡丹纹女上衣 贵州黑苗（I）
169	霜花 Youn Hee Sook	191	凤穿牡丹纹女上衣 贵州黑苗（II）
170	GOKAYAMA Blue a Sunset Gloam Youn Hee Sook	192	鸟语花香纹背被 贵州黑苗（I）
171	蓝·源 于婷婷 /Yu Tingting	193	鸟语花香纹背被 贵州黑苗（II）
172	友情之杯 Yumiko Hirasawa	194	蝴蝶戏花纹背被 贵州三都水族（I）
173	石水间 张宝华 /Zhang Baohua	195	蝴蝶戏花纹背被 贵州三都水族（II）
174	凝 张慧 /Zhang Hui	196	蕨草纹小装饰 黔西贵州苗族（I）
175	紫色玫瑰 张江 /Zhang Jiang	197	蕨草纹小装饰 黔西贵州苗族（II）
176	本原 张靖婕 /Zhang Jingjie	198	群凤戏鱼纹背被 贵州黑苗（I）
177	夜与昼 张莉 /Zhang Li	199	群凤戏鱼纹背被 贵州黑苗（II）
178	汉学意象 张树新 /Zhang Shuxin	200	旋涡纹被单 贵州剑河苗族

2011国际拼布艺术展作品
International Quilt Festival Works 2011

- 中国大陆/Mainland China
- 中国台湾/Taiwan, China
- 韩国/Korea
- 日本/Japan
- 美国/America
- 法国/France
- 澳大利亚/Australia
- 芬兰/Finland
- 荷兰/Netherlands
- 英国/England
- 德国/Germany
- 西班牙/Spain

姓名：안은숙 (An Eun Sook)
国籍：韩国

简历：2004-2007 江东区保育信息中心 拼布玩具 讲师
　　　2007-2010 Haegong体育文化中心 拼布班 讲师
获奖：SIQF2006企业奖

作品名称：《法国阿尔萨斯》　尺寸：197cm×157cm

姓名：배은미 (Bae Eun Mi)

国籍：韩国

简历：1979 梨花女子大学美术系纤维艺术学科毕业
1987-1990 日本名古屋NHK文化中心拼布教室
1992-1994 日本仙台NHK文化中心拼布教室
1996-2001 日本大阪 Nakayama研究所学习Mola
2000 参加 Nakayama研究所团体展
2004 参加 Friend-ship Quilt展
2006 参加福冈 Round Robin 拼布展

作品名称：《曼陀罗》

姓名：배은영 (Bae Eun Young)

国籍：韩国

简历：1997年拼布入门
　　　Golden Memory 讲师（2000-2006）

获奖：2000-2002 大邱拼布大赛鼓励奖、银奖、金奖
　　　2001-2002 参加大邱纤维服饰节拼布类
　　　2005 韩国驻日本 名古屋总领事馆 作品赠送
　　　Golden Memory 会员展

作品名称：《平稳》　　尺寸：140cm×310cm

姓名：배숙희（Bae Suk Hee）

国籍：韩国

简历：第三届、第四届 Cotton & Memory 会员展
　　　第三届拼布设计大赛 入选
　　　SIQF2006 特别奖
　　　QBF2007 入选

作品名称：《喜悦》　尺寸：200cm×200cm

姓名：백미정 (Baek Mi Jung)

国籍：韩国

简历：拼布作家

作品名称：《与大海一起呼吸》　**尺寸**：142cm×190cm

姓名：빈창희 （Bin Chang Hee）

国籍：韩国

简历：1997 美国休斯敦 IQA 入选
　　　1998 美国休斯敦 IQA 展示
　　　1997-2000 韩国IQA 展示
　　　2007 首尔SIQF 推荐作家
　　　2009 中国家用纺织品及辅料展示会
　　　2009 SIQF 105 Quilt 银奖

作品名称：《爱拼布》　　尺寸：203cm×233cm

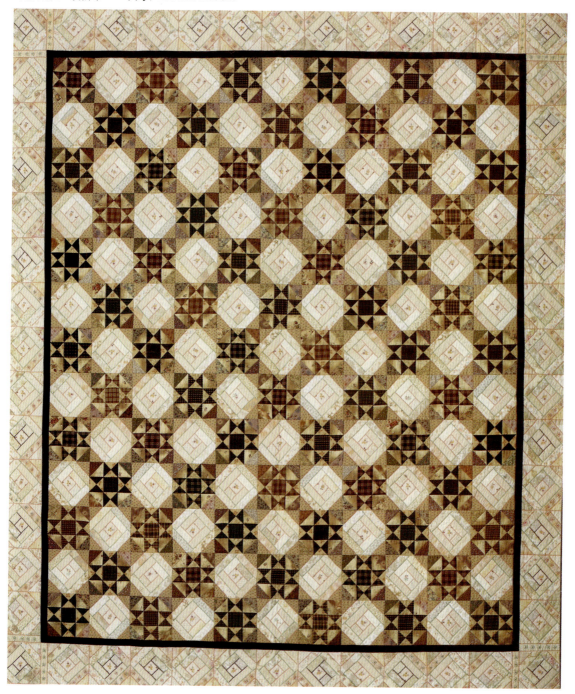

姓名：박부형（Boo-hyung Park）
国籍：韩国

简历：2001-2010 韩国国际拼布协会展
2006-2010 韩国国际拼布节展示
2008 首尔市女性家族财团邀请个人展
现 南部、北部女性发展中心 拼布讲师
龙山区厅女性教师拼布讲师
拼布篮子运营
获奖：2010 京乡美术展 特别奖
著书：《拼布家的幸福同行》共著

作品名称：《雪景》　尺寸：177cm×167cm

姓名：曹敬钢(Cao Jinggang)
国籍：中国

简历：天津美术学院讲师
中国青海市循化撒拉族自治县政府指定的撒拉族民族服装设计师
2008年 多幅作品入选在天津美术学院举行的"2008年中日纤维艺术展"
2009年 3幅作品被选参加在日本京都举行的"布的记忆，丝的时间——日中纤维艺术展"
纤维艺术作品《主题》入选天津美术作品展并入围全国美术作品展
2010年 作品《呵护》入选"第七届亚洲纤维艺术展"
设计作品《……1-4》入选2010亚洲超越展

作品名称：《九十九＋壹》　　材料：100种不同颜色纺织品　　尺寸：180cm×175cm

姓名：曹宇坤(Cao Yukun)

国籍：中国

简历：就读于清华大学美术学院染织服装艺术设计系

作品名称：《诺亚方舟》　尺寸：40cm×30cm×50cm

姓名：장미선（Chang Mi Sun）
国籍：韩国

简历：弘益大学产业美术研究院织物设计专业；韩国美术协会会员，韩国工艺家协会会员，韩国文人协会会员，韩国散文协会理事；曾举办过个人展2次，团体展50余次。
获奖：2010.9申师任堂美术展 鼓励奖；2009.12日山韩国工艺展 入选；2009.11 横滨国际拼布展(IQWY)主办方奖 及 鼓励奖；2009.11 首尔国际拼布节 特别奖；2009.8 第十二届世界和平美术展 入选；2009.8 韩国图案工艺展 入选。
论文：实属拼布技巧的研究(以shadow 拼布表现方法为中心) – 弘益大学校(2010)
著书：散文集《一人剧》

作品名称：《图案集合》　尺寸：165cm×195cm

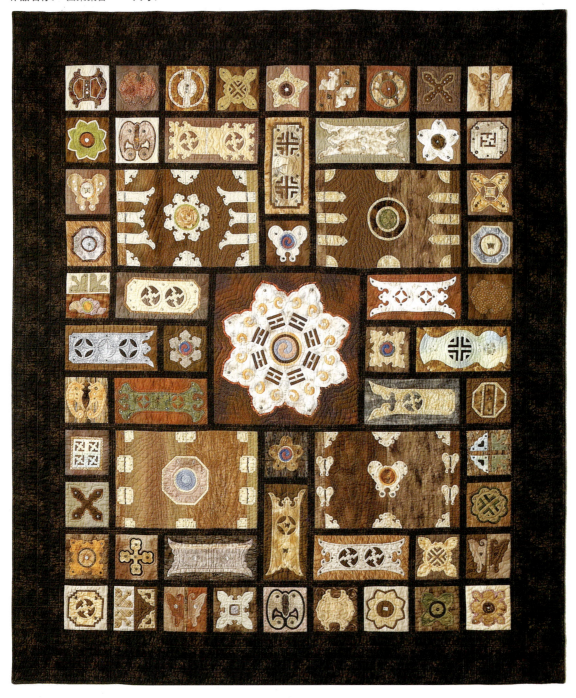

姓名:차숙라 (Char-Sookla)
国籍:韩国

简历:首尔拼布联合会 理事
韩国wearable拼布会 会长
Serart 代表
获奖:AQS Wearable类 一等奖

作品名称:《山中的我,眼中的山》

姓名：陈春华(Chen Chunhua)

国籍：中国台湾

简历：TAQS 社团法人台湾蚂蚁拼布研究会会员
　　　2009 参展　TIQE2009台湾国际拼布大展
　　　2008 参展　恋恋府城大自然拼布展
　　　2007 参展　花布精灵——拼布艺术之美
　　　2007 参展　女人的针线艺术—— 大自然拼布展
　　　2007 参展　乐活拼布：大自然拼布展
　　　2006 参展　阅读拼布的风采：大自然拼布艺术展

作品名称：《送子鸟》　　材料：棉布　　尺寸：113cm×133cm

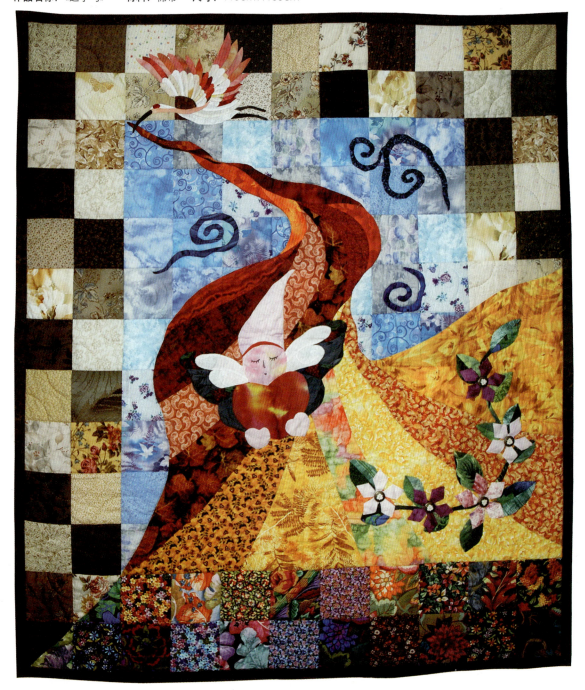

姓名：陈 立(Chen Li)

国籍：中国

简历：清华大学美术学院染织服装艺术设计系副教授，硕士生导师
多次参加国际、国内的艺术设计展览。

作品名称：《交汇》　　尺寸：100cm×150cm

姓名：季凤君（Ji Fengjun）
国籍：中国

简历：2002 进入上海喜乐多拼布工作室，开始学习和从事拼布艺术创作
2006 获得日本手艺普及协会手缝讲师资格，并成为日本手艺普及协会会员
2009 获得日本手艺普及协会机缝高等资格
现 任拼布艺术专业讲师

获奖：2008 第七届世界拼布艺术展二等奖

作品名称：《心》　　材料：棉布　　尺寸：152cm×152cm

姓名：陈秀月(Chen Xiuyue)

国籍：中国台湾

简历：TAQS 社团法人台湾蚂蚁拼布研究会会员
"秀拼布艺术"工作室负责人
2011 参展　HAQ2011艺术拼布地平线展
2011 个展　陈秀月拼布艺文展
2010 参展　HAQ2010艺术拼布地平线展
2010 参展　韩国首尔国际拼布展
2009 参展　TIQE2009台湾国际拼布大展
2009 个展　金门类屿数字机会中心柿柿如意展

作品名称：《快乐家园》　　材料：棉布　　尺寸：145cm×115cm

姓名：陈 迅(Chen Xun)

国籍：中国

简历：2009—今，清华大学美术学院染织服装系硕士在读

作品名称：《玄舞》　　材料：棉布、缎、纱

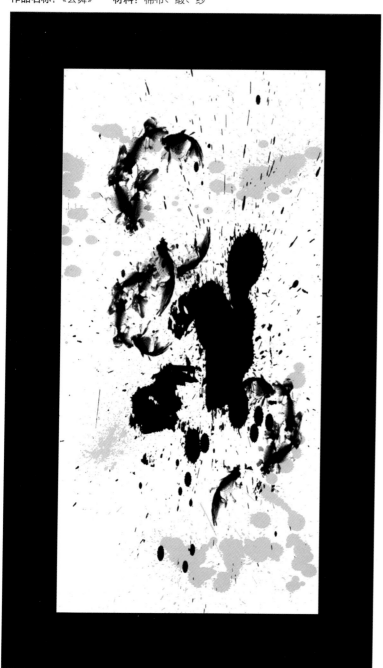

姓名：천재은 (Cheon Jae Eun)

国籍：韩国

简历：拼布作家

作品名称：《关系》　　尺寸：165cm×155cm

姓名：조보경（Cho Bo Kyung）
国籍：韩国

简历：1996 Quilt Workshop 参加 (美国)
2001 美国内布拉斯加大学 国际拼布学习中心 学习
2008-现在 韩国拼布联合会(CQA) 理事

获奖：2010 韩国拼布联合会会员展
2010 制作拼布展示
2009 第六届韩国艺术拼布展
2008 首尔国际拼布节 推荐作家
2008 第一届曹宝琼个人展
2007 第四届韩国艺术拼布展
2007 首尔国际拼布节 推荐作家

作品名称：《山寺》　尺寸：170cm×46cm×2

姓名：조현화 (Cho Hyon Hwa)

国籍：韩国

简历：SIQF2009 拼布大赛 特等奖
CQA2010 优秀奖
第六届京乡美术展 入选
SIQF2010 特别奖

作品名称：Magic Carpet to the Moon　　尺寸：190cm×190cm

姓名:최은주(Choi Eun Joo)

国籍:韩国

简历:第十二届、第十三届Yoon Quilt展示会
　　　第二届机缝拼布作家展
　　　第二届、第三届、第四届韩国艺术拼布展
　　　Jeeum Biennale Project 团体展
　　　Dancing Needle 拼布讲师

著书:*Meets*(制作拼布包)

作品名称:《松树林》　　尺寸:114cm×141cm

姓名：최은령 (Choi Eun Ryoung)

国籍：韩国

简历：1985年 梨花女子大学 英语系 毕业

1987年 大邱加图利大学 研究生 毕业(印染专业)

2002年 参加日本名古屋国际拼布展

2002-2004年 参加美国IQA (International Quilt Association)

2002-2005年 参加美国AQS (American Quilt Society)

2003-2005年 参加日本横滨拼布大赛

2006SIQF邀请作家

2010、2011 SIQF审查评委

拼布作家，染色与机缝拼布讲师

获奖：2003年横滨拼布节鼓励奖，2004年赞助商奖，2005年优秀奖

作品名称：Affection **尺寸**：145cm×180cm

姓名：최은영 (Choi Eun Young)

国籍：韩国

简历：2009 韩国拼布联合会 常任理事
　　　　2009 盆唐AK广场 文化中心 讲师
　　　　2009 贸易中心 现代百货店 文化中心 拼布讲师
　　　　2005 日本岩手县拼布节 特等奖
　　　　2007、2009 东京拼布节 入选
　　　　2008 日本横滨国际拼布周 优秀奖
　　　　2004、2007、2008、2009 美国IQA拼布大赛 作品展示

作品名称：《花与鸟 ii》　　**尺寸**：190cm×190cm

姓名：최혜열（Choi Hea Yeol）

国籍：韩国

简历：现 蔚山北区 文化会馆 拼布讲师
　　　易买得文化中心 拼布讲师
　　　2006 (社)Hanul传统天然染色研究协会 定期展
　　　2006 韩国艺术拼布展
　　　2005 日本岩手县国际拼布展 邀请展示

获奖：2006 微山美术展 特别奖
　　　2004年 大邱textile展 入选
　　　2002年 蔚山广域市美术展工艺类 优秀奖

著书：《用拼布装点我的家》
　　　《生活与梦 (2007.1~2008.8) 'Choi HeaYeol 作品集'》

作品名称：On and after Someday　　尺寸：105cm×174cm

姓名：최선혜 (Choi Sunhe)

国籍：韩国

简历：弘益大学纤维工艺学科毕业(1987)
韩国国际品布展(2002、2004、2005、2008、2010)
International Quilt Association Judge Show - Houston, Finalist (2008)

获奖：首尔国际拼布节 作家奖(2009)
首尔国际拼布节 入选(2010)

作品名称：Empty Nest　　尺寸：145cm×145cm

姓名：천영림(Chum Young Lim)
国籍：韩国

简历：Gumi Middle School, Bulgok Middle School 兴趣小组 讲师
　　　青州大学 社会文化院 讲师
　　　现良才造物乐工艺教室 讲师，Quilt Lim 运营
获奖：SIQF2008、2009、2010 获奖
　　　中国国际家用纺织品设计大赛 铜奖
　　　首尔国际陶瓷装饰品大赛 入选

作品名称：《雪之夜空》　　尺寸：198cm×198cm

姓名：淳海霞(Chun Haixia)

国籍：中国

简历：业余拼布爱好者，2006年开始接触拼布艺术。

作品名称：《青花瓷》　材料：棉　尺寸：220cm×170cm

姓名： 邓国平(Deng Guoping)
国籍： 中国

简历： 中国美术家协会会员；天津河东区美协副秘书长；天津城市建设学院艺术系教授
国平构成艺术展在意大利罗马广场展出
阿联酋迪拜国际展览中心举办个展
参加国际现代美术展
获奖： 2011中国•华北包装设计大赛学术奖
著书： 《构成艺术——服装设计造型运用》

作品名称：《迷惑》　　**材料：** 涤氨等复合材料　　**尺寸：** 150cm×120cm×120cm

ARTIST NAME: Di Ford
COUNTRY: Australia

CURRICULUM VITAE:

My quilting career began in 1980 and by 1982, I owned and managed Melbourne, Australia's first Patchwork and Quilting shop "Primarily Patchwork". It quickly became well known around Australia. In my teaching career I have taught over 2000 students, many of whom have gone on to win major prizes in quilt shows in Australia and the USA. In the past 3 years I have produced a range of quilt designs, of which the patterns are now sold all around the world.

ARTWORK TITLE: Drayton Hall   SIZE: 160cm × 160cm

姓名：丁 敏(Ding Min)
国籍：中国

简历：2004年毕业于广州美术学院设计学院，获硕士学位，同年留校任教，从事染织设计教学工作，现任纤维艺术设计工作室负责人。主要研究方向是传统纺织手工技艺的创新应用研究。设计作品历年参加国内外家居博览会、设计周、专业大赛等，屡获奖项。

作品名称：《不褪的记忆》　**材料**：棉布　**尺寸**：89cm×68cm

姓名：Eija Elomaa
国籍：芬兰

作品名称：Smoke Sauna Vaskiniemi IV　尺寸：112cm×109cm

ARTIST NAME: FUMIKO NAKAYAMA

COUNTRY: Japan

CURRICULUM VITAE:

Handicraft and Art Designer.

Representative Nakayama handicraft research institute.

Instructress of several cultural school.

Judge of quilt in Tokyo International Great Quilt Festival.

Carry on research and collect of international handicraft.

ARTWORK TITLE: A Large Bloom   SIZE: 85.5cm×114cm

姓名：GOKE Keiko

国籍：日本

简历：插图画家
　　　开始自学并制作拼布艺术作品已40年、开设拼布教室30年
　　　参加拼布艺术大展19次
　　　曾获日本拼布艺术大展金奖
　　　曾获AQS主办的拼布艺术大奖赛第一名
　　　作品曾参加诸多海外的现代拼布艺术展和学术研讨会
　　　作品曾在海外多次获奖
　　　拼布艺术学校Kei校长
　　　Vogue Kilt 塾教师

作品名称：《佛蒙特的夏日》　　**尺寸：**181cm×211cm

INTERNATIONAL QUILT FESTIVAL—INHERITANCE & INNOVATION 2011

姓名：한혜경（Han Hye Kyung）
国籍：韩国

简历：SIQF 第一届 邀请作家
 韩国拼布联合(CQA) 常任理事
 "韩惠敬拼布" 代表
著书：《特别拼布101》

作品名称：《瓦堂》　　尺寸：170cm×180cm

Page/033

姓名：韩丽英(Han Liying)
国籍：中国

简历：最终学历 日本京都市立艺术大学大学院美术研究科 硕士学位
中国天津美术学院 教授 硕士生导师
中国美术家协会服装艺委会委员，天津分会理事
中国工艺美术学会会员
《为了明天》、《夏》、《假日》、《我和我的学校》、《在云中》、《月下的瀑》、《雪的化妆》等作品曾多次参加国内外展览并获奖

作品名称：《凹凸》　　材料：化纤布和棉线　　尺寸：200cm×180cm

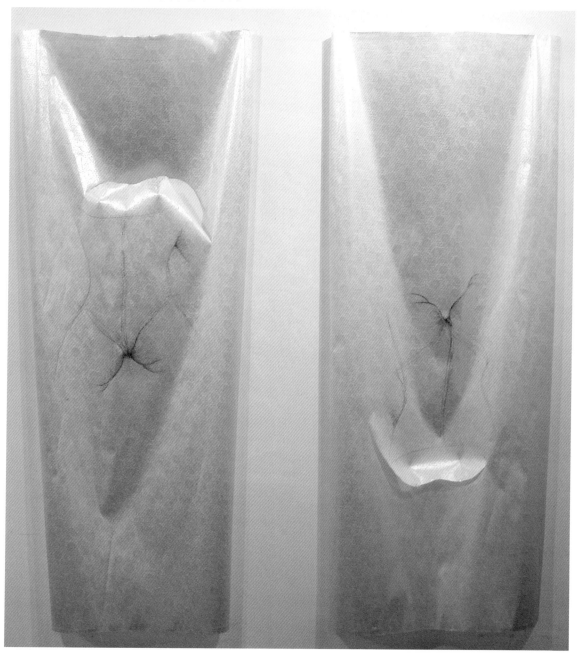

ARTIST NAME: Harue Konishi
COUNTRY: Japan

CURRICULUM VITAE:
JOSHIBI UNIVERSITY of ART and DESIGN graduation
Quilt National 1999, 2001, 2009
Quilts = ART = Quilts 2007, 2008, 2009, 2010

ARTWORK TITLE: Syo #47   SIZE: 115cm×79cm

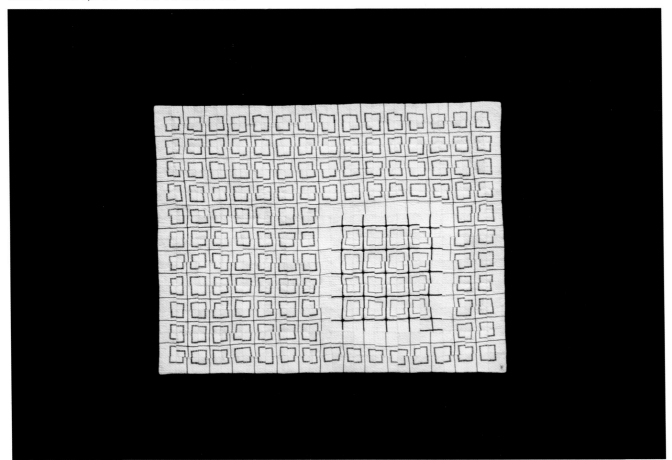

姓名：Hilkka Luosa
国籍：芬兰

作品名称：KOKOMO　　尺寸：90cm×145cm

姓名：홍동희 (Hong Dong Hee)

国籍：韩国

简历：1989 梨花女子大学 生活美术系 毕业
1991 梨花女子大学 研究生院 生活美术系 毕业(染色专业)
1995 日本多摩美術大学(Tama Art University) 研究生院 美术研究系 毕业
日本Vogue学院 Patchwork系 进修
现 明知专门大学 Fashion Textile Ceramics专业 客座教授
水源大学 美术系 讲师
淑明女子大学 郑英阳博物馆附属拼布专门课程 讲师

作品名称：《不便的真实》　　尺寸：140cm×175cm

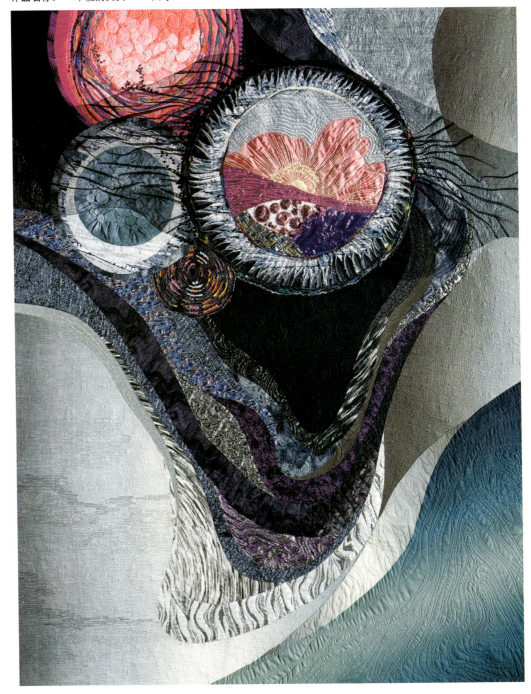

姓名：黄慧纯(Huang Huichun)
国籍：中国台湾

简历：TAQS 社团法人台湾蚂蚁拼布研究会理事
　　　2010 参展　HAQ2010艺术拼布地平线展
　　　2009 参展　"靓"拼布艺术展
　　　2009 参展　TIQE2009台湾国际拼布大展
　　　2008 参展　恋恋府城大自然拼布展
　　　2007 参展　花布精灵——拼布艺术之美
　　　2007 参展　女人的针线艺术——大自然拼布展
　　　2007 参展　乐活拼布：大自然拼布展

作品名称：《花花世界》　　材料：棉布　　尺寸：150cm×117cm

姓名：黄明美(Huang Mingmei)
国籍：中国台湾

简历：TAQS 社团法人台湾蚂蚁拼布研究会理事
Studio Art Quilt Associates (SAQA) Member
2011 参展 HAQ2011艺术拼布地平线展
2010 参展 This is a Quilt! SAQA's Traveling Trunk Show
2010 参展 HAQ2010艺术拼布地平线展
2009 参展 "靓"拼布艺术展
2009 参展 TIQE2009台湾国际拼布大展

作品名称：《夏姿》　材料：棉布　尺寸：96.5cm×76cm

姓名：허순희 （Hur Soon Hee）

国籍：韩国

简历：韩国国际拼布协会 副会长

瑞草区半浦洞居民自治中心 拼布讲师

瑞草区瑞草一洞居民自治中心 拼布讲师

1997-2010 韩国国际拼布协会展 共14次展示

2009 SIQF4代邀请作家

2010 第一届 Ewhogallery Fiber Art Festival 参加

获奖：2009年 第五届京乡美术展拼布类 特别奖

2010 SIQF 105拼布 特别奖

作品名称：《约旦断想》　　尺寸：100cm×154cm

姓名：황방실 （Hwang Bang Sil）
国籍：韩国

简历：韩国艺术拼布展 第六届第七届 展示
　　　现 拼布讲师
著书：2010 CQA One Patch类 最优秀奖
　　　第五届、第六届 京乡美术展 入选 及 特别奖

作品名称：《鼓》　　尺寸：198cm×148cm

姓名：황의경（Hwang Eui Kyung）
国籍：韩国

简历：QBF2009 企业奖
著书：《幸福母亲的儿童拼布》

作品名称：《欢喜》　　尺寸：110cm×120cm

姓名：장흥숙 (Jang Hung Sook)
国籍：韩国

简历：CQA韩国拼布联合会 城北支部会长
CAC (Corea Artquilt Community) 运营委员
Lydia's Quilt Studio & Café 运营

获奖：2001、2002、2005、2006、2007 美国IQA(International Quilt Associations) 展示
2002、2003、2005、2006、2008 美国 AQS(American Quilter's Society) Finalist 展示
2004 法国 10th European Patchwork Meeting Finalist 展示

作品名称：《两个季节的故事》

姓名：장미경(Jang Mi kyung)
国籍：韩国

简历：(社)首尔拼布协会 理事
获奖：2007 AQS Semi Finalist 2件作品；IQW 横滨拼布大赛 2件作品
　　　2008 东京拼布节 入选，AQS Semi Finalist，SIQF 입선
　　　2009 东京拼布节 入选；AQS Semi Finalist；SIQF 企业奖；IQW 横滨拼布大赛入选；
　　　　　 京乡美术展 入选
　　　2010 AQS Semi Finalist

作品名称：《许多夜晚》　　尺寸：185cm×220cm

姓名：장영숙（Jang Young Sook）
国籍：韩国

简历：1995年日本手艺保存协会 讲师课程
　　　现 盆唐区书岘洞拼布教室运营
　　　2004 第二届韩国机缝拼布作家展
　　　2006 第一届首尔国际布艺节 企业奖
　　　2007 第二节首尔国际布艺节 鼓励奖
　　　2008、2009 第三届、第四届首尔国际布艺节 特别奖

作品名称：《秩序与存在》　　尺寸：200cm×175cm

姓名：전혜경 (Jeon Hae Kyung)
国籍：韩国

简历：富平中部社会福祉馆 拼布讲师
　　　乐天百货Samsan店文化中心 拼布讲师
　　　韩国文化中心Kyesan支部 拼布讲师
获奖：第一届首尔国际拼布节 传统拼布 入选
　　　第二届首尔国际拼布节 机缝拼布 特别奖
　　　2009 韩国台湾拼布交流展

作品名称：《林》　尺寸：192cm×162cm

姓名：정정선（Jeong Jeong Sun）
国籍：韩国

简历：现 拼布村运营
2010 中国南通中国国际家用纺织品设计大赛 入围
2003-2009 YOON Quilt Festival
2009 韩国台湾拼布交流展
2004、2005 韩国机缝拼布作家展

作品名称：《思念》　　尺寸：182cm×206cm

姓名：정경혜（Jeong Kyung Hye）

国籍：韩国

简历：2000 拼布讲师资格考试技巧评价委员会
　　　2000 举办郑敬惠拼布会员展
　　　2008 韩国拼布联合会釜山支会长
　　　2009 中国国际家用纺织品设计大赛 色彩奖
　　　2010 中国国际家用纺织品设计大赛 优秀奖

作品名称：《色彩2》　尺寸：129cm×192cm

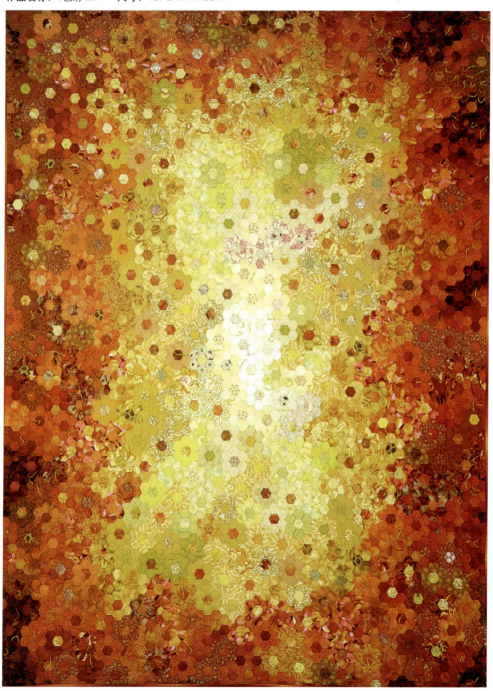

姓名：정문갑 (Jeong Moon Gab)
国籍：韩国

简历：文化中心讲师
获奖：2011 日本驻韩国大使馆展示(1月举行)
2010 韩国国际拼布协会展(3月举行)；第五届 京乡美术展 特别奖；
淑明女子大学作家奖；6th International Fiber Art Exhibition
2009 韩国国际拼布协会展 ；Asia Patchwork Festival (상하이, 중국)；
首尔国际拼布节 特别奖
1999、2000、2001、2003、2005 韩国国际拼布协会展

作品名称：《冒险》　　尺寸：192cm×162cm

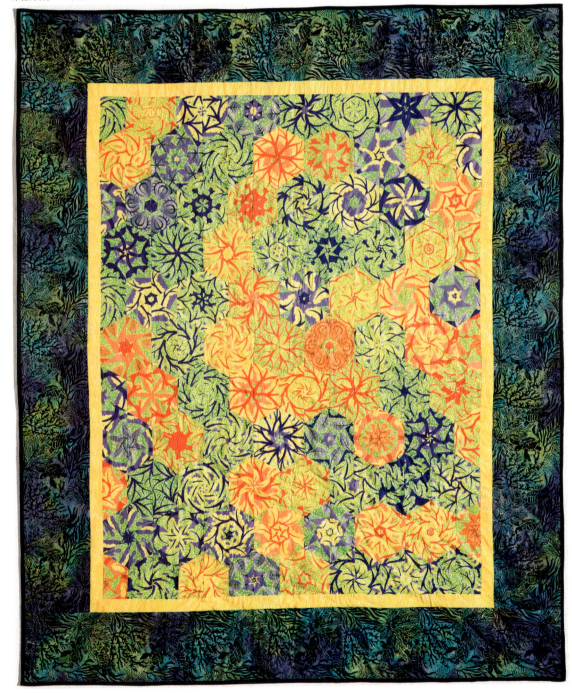

姓名：金媛善(Jin Yuanshan)

国籍：中国

简历：多次参加日本、韩国和美国的拼布艺术展览，并获国际拼布二等奖。2006年、2009年两次应邀在韩国举办个人作品展。作品先后被韩国、日本、美国等艺术机构和个人收藏。两次在清华大学美术学院演讲，并应邀于2009年3月在清华大学、2010年10月在北京服装学院举办个人作品展。

作品名称：《低碳生活》　　材料：真丝　　尺寸：180cm×180cm

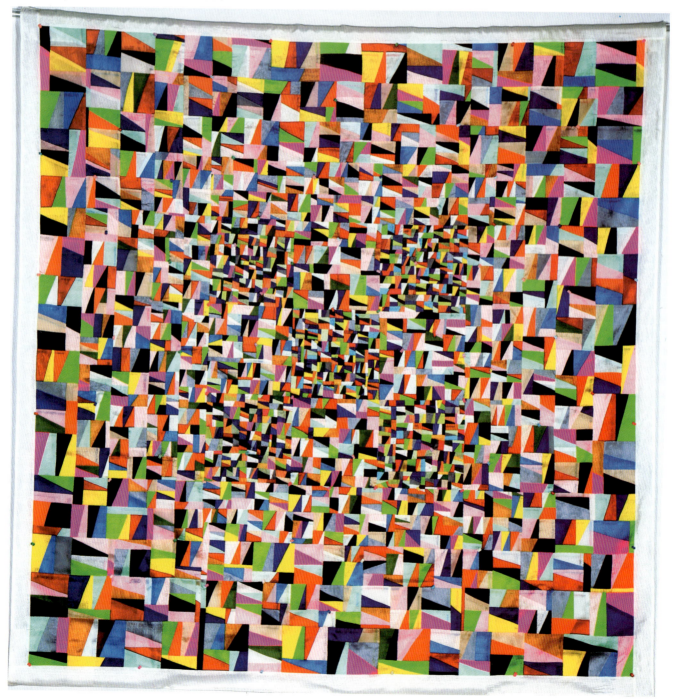

姓名：정민기 （Jung Min Gi）
国籍：韩国

简历：KAYWON设计艺术大学 多媒体设计系毕业
2010 Jung,MinGi个人展
2010 Kim HongJu, Jung,MinGi邀请展
2010 万人万象展
2010 UMB团体展
2009 参加第一届"UNDER MY BRIDGE"展
2009 Jung Min Gi Drawing 展
2008 "美丽印象"展

获奖：2010首尔国际拼布节 机缝拼布类 作家奖
2010 3rd LIFE IS GOOD FASHION & ACCESSORIES INTERNATIONAL AWARDS 2010 特别奖
2010 世界创作面具大赛 入选

作品名称：Becoming What   尺寸：186cm×106cm

姓名：정민기 （Jung Min Gi）
国籍：韩国

ARTIST NAME: Kaffe Fassett
COUNTRY: England

CURRICULUM VITAE:

Kaffe Fassett is one of the leading textile designers in the world. Although Kaffe won a scholarship to the museum of Fine Art School in Boston at age 19, he left after 6 months to paint in London. Following a visit to a Scottish wool mill whose colours reflected the colours of the landscape, Kaffe took up knitting and his first design appeared in Vogue Knitting Magazine. Renowned for his colour work, Kaffe shares his vision of the craft in his frequent lecture tours, exhibitions, and television appearances. He is the author of over 12 books including Passionate Patchwork and Glorious Knitting amongst others.

ARTWORK TITLE: Dark Rice Bowls Hanging   SIZE: 140cm × 144cm

姓名:강주연 (Kang Joo Youn)

国籍:韩国

简历:拼布作家

作品名称:《树》　尺寸:155cm×98cm

姓名：강명심 (Kang Myung Sim)
国籍：韩国

简历：第一届拼布包展示会 作品展示
　　　2007 首尔国际拼布节 迷你拼布类 入选
　　　2007 韩国艺术品布展 迷你拼布
　　　蔚山拼布作家11人展(2009,2010)

作品名称：《深海》

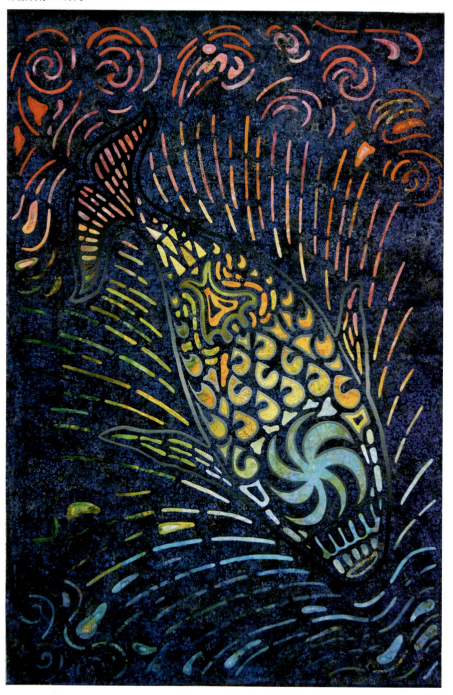

ARTIST NAME: Katsumi Ishinami
COUNTRY: Japan

CURRICULUM VITAE:
I begin quilt in high school student.
Golden Needles prize in 1995 Grand Prix Seoul international quilt festival prize in 2006, 2007 highest award
A lot of winning inside and outside the country

ARTWORK TITLE: Sun Beam   SIZE: 158cm×158cm

ARTIST NAME: Kayoko Oguri
COUNTRY: Japan

CURRICULUM VITAE:
A lot of winning inside and outside the country Mugi-cho patchwork drop curtain production.
The Japan Arts Exhibition chosen.
Japan quilters association president.
cotton poetry patchwork quilt presider.

ARTWORK TITLE: Pray for a Rich Harvest   SIZE: 133cm × 173cm

姓名：김은주 （Kim Eun Joo）
国籍：韩国

简历：首尔拼布联合会 副会长
　　　安养市东安区女性会馆 讲师
　　　祥明大学艺术大学院 讲师
获奖：21QW横滨 优秀奖
著书：《特别的拼布101种》
　　　《机缝拼布》、《生活拼布》、《儿童拼布》

作品名称：《心中的自由Ⅱ》　　尺寸：112cm×112cm

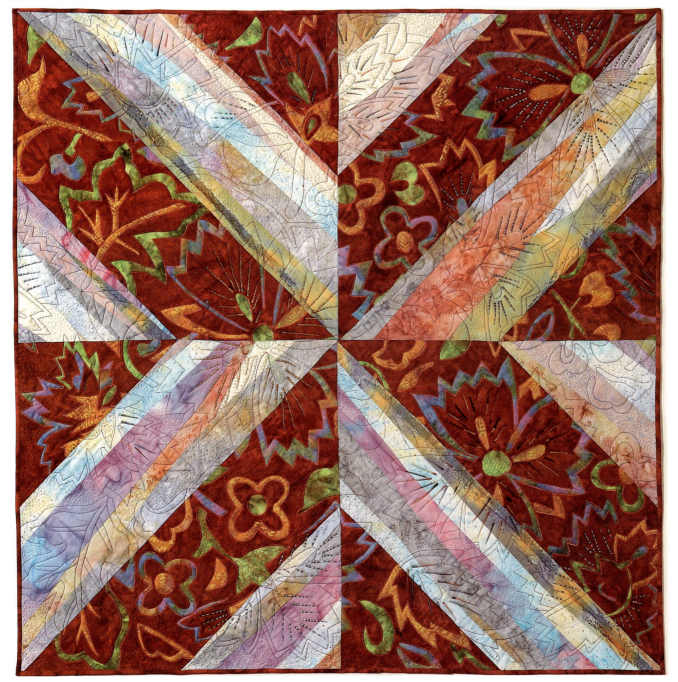

姓名：김관주 (Kim Gwan Joo)
国籍：韩国

简历：文化中心 (乐天超市，Homeplus，蔚山广域市中部图书馆) 讲师
获奖：京乡美术展 工艺类 特别奖

作品名称：《吉祥图I》　　**尺寸**：188cm×200cm

姓名：김홍주 (Kim Hong Joo)

国籍：韩国

简历：Homeplus文化中心 讲师
芦原居民体育中心 拼布讲师
Gallery 共同运营
韩国国际拼布协会 副会长

获奖：1997-2009 韩国国际拼布展 参加
1999 休斯敦国际拼布展 参加
2003 名古屋国际拼布节 参加
2005 韩日建交40周年 大阪韩日友好拼布展 参加
2007 H Gallery 策划展 参加（釜山，蔚山）
2008 淑明女子大学 2008韩日交流展
2008 第四届京乡美术展 纤维类 特别奖
2008 金泓珠拼布个人展

作品名称：《落基山》　　尺寸：245cm×130cm

姓名：김혜숙 (Kim Hye Sook)
国籍：韩国

简历：韩国正修美术展 工艺类 特别奖
6th International Fiberart Exhibition Contest 入选
2009 首尔国际拼布节 传统拼布类 特别奖
2008 首尔国际拼布节 创作拼布类 最优秀 及 特别奖
2007 首尔国际拼布节 创作拼布类 优秀奖
2006 韩国国际手工艺博览会 鼓励奖
拼布个人展5次；各种邀请展、团体展80余次

作品名称：《古香》　尺寸：175cm×213cm

姓名:김현미 (Kim Hyun Mi)
国籍：韩国

简历：乐天超市 Hangdong店 文化中心 讲师
获奖：SIQF2006企业奖
　　　SIQF2007特别奖

作品名称：Up　尺寸：165cm×190cm

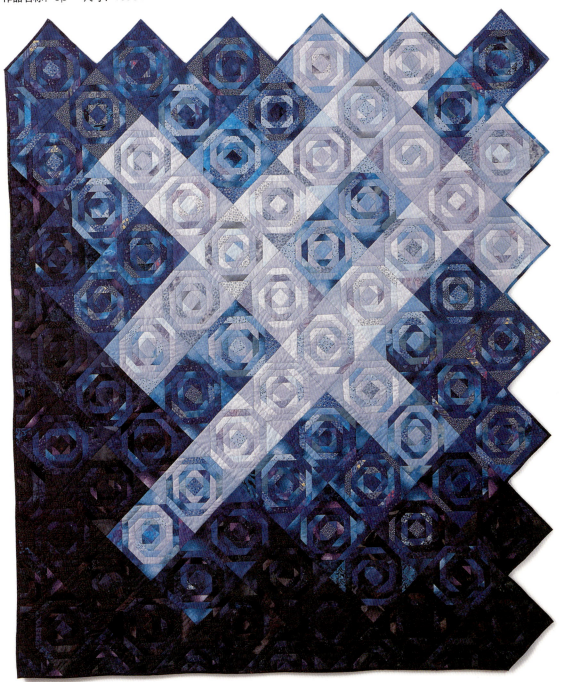

姓名：김정자 (Kim Jung Ja)
国籍：韩国

简历：2000、2001 第一届、第二届大邱市拼布比赛促进委员长
2004、2005 日本名古屋世界拼布博览会 邀请作家 展示
2005 韩国驻日本名古屋总领事馆开馆拼布类代表作壁挂作品展示 授予外交部长感谢牌
2006、2007 首尔国际拼布节邀请作家

作品名称：《日月五峰图》　　**尺寸**：323cm×168cm

姓名：김정순 (Kim Jung Soon)
国籍：韩国

简历：SIQF运营委员
1996-2000 国际拼布协会展
1998 AIQ邀请展
2001 韩国传统图案拼布展
2001、2006、2007 Ninepatch 会员展
2007 首尔国际拼布节 推荐作家展

作品名称：《实现愿望》　　尺寸：135cm×150cm

姓名：김경애 (Kim Kyung Ae)

国籍：韩国

简历：开浦图书馆文化讲座讲师
　　　　乐天百货店文化中心讲师

获奖：SIQF2008鼓励奖，SIQF2009，2010入选

作品名称：《自然中的拼布》　　**尺寸**：122cm×155cm

姓名：김경희（Kim Kyoung Hee）
国籍：韩国

简历：前 Gallery布游 共同运营
获奖：2007SIQF传统拼布 鼓励奖
　　　2004韩日友好拼布展 一等奖

作品名称：《走向成功的开始》　　尺寸：130cm×203cm

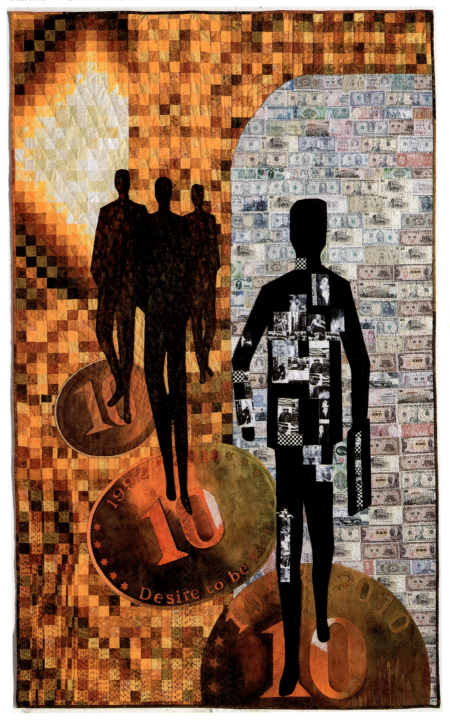

姓名：김경주 (Kim Kyung Joo)
国籍：韩国

简历：SIQF2代邀请作家
   韩国拼布联合会 常任理事
   韩国艺术拼布运营委员
   Green Quilt 代表
   韩国传统图案拼布美国巡回展示(2003-2005)
   第一至第三届 韩日友好品布展
   第一届、第二届 Greenquilt展示主管
   SIQF邀请作家个人展
   第一至第五届 韩国艺术拼布展
   2004IQA拼布大赛 入选
   2005 日本岩手县拼布节 入选

作品名称：《石枫》 尺寸：160cm×149cm

姓名：김미정（Kim Mi Jung）
国籍：韩国

简历：拼布作家
获奖：2009CQA 裙子类 特别奖

作品名称：《光》　　尺寸：127cm×154cm

姓名：김미식 (Kim Misik)

国籍：韩国

简历：现 淑明女子大学郑英阳刺绣博物馆附属拼布课程主任教授
SAQA(Studio Art Quilt Associates) 韩国代表，京乡美术大展策划委员
中国上海服饰协会拼布专门委员，文化商品设计协会理事

展示：2010 拼布邀请展（韩国首尔）
2010 上海国际拼布节邀请展（中国上海）
2007 日本Textile节（日本东京）
2005 拼布作家金美植夏季展（韩国首尔）

著书：Art Quilt, Quilt(Fiber Art)

作品名称：《日常的话语》　尺寸：134cm×133cm

姓名：김옥희 (Kim Ok He)
国籍：韩国

简历：文化中心讲师、Pojagi作家
获奖：2008SIQF 特别奖
　　　2009SIQF 银奖
　　　2010SIQF 优秀奖

作品名称：《太极图案与八卦文》　尺寸：187cm×227cm

姓名：김순중 (Kim Soon Joong)
国籍：韩国

简历：韩国国际拼布协会讲师
展示：2010SIQF入选
　　　2011京乡美术展入选

作品名称：《繁星闪亮的夜空》　　尺寸：198cm×198cm

姓名：김수진 (Kim Su Jin)
国籍：韩国

简历：日山拼布Namu教室运营
日山拼布教师会会长
拼布教室俱乐部会员展第一届、
第二届、第三届主办
2009、2010 CQA会员展

获奖：第二届 QBF 作家奖 2008
第三届 QBF 审查委员长奖 2009
第四届 QBF 最优秀奖 2010
第五届 SIQF实用拼布 银奖 2010
第二届"爱拼布"拼布包大赛银奖
中国国际家用纺织品设计大赛获奖(中国南通) 2010

著书：《幸福儿童拼布》合著

作品名称：Boltimore Pattern's Travel Bag　　**尺寸**：130cm×100cm

姓名：김선영 (Kim-Sunyoung)

国籍：韩国

简历：Galleria百货店文化中心讲师
　　　韩国礼服玩偶协会运营
　　　Cottonfriends运营

获奖：2009 SIQF机缝拼布 特别奖
　　　2010 SIQF机缝拼布 入选

作品名称：《解语花》　　尺寸：95cm×130cm

姓名：김윤경（Kim Yoonkyoung）

国籍：韩国

简历：仁川中区西部女性会馆 讲师

获奖：SIQF企业奖 2006
　　　韩国拼布大赛 传统拼布一等奖
　　　日本横滨国际拼布节 企业奖 2008

著书：《亲切的拼布DIY》共著 2010

作品名称：《飞上》　　尺寸：112cm×182cm

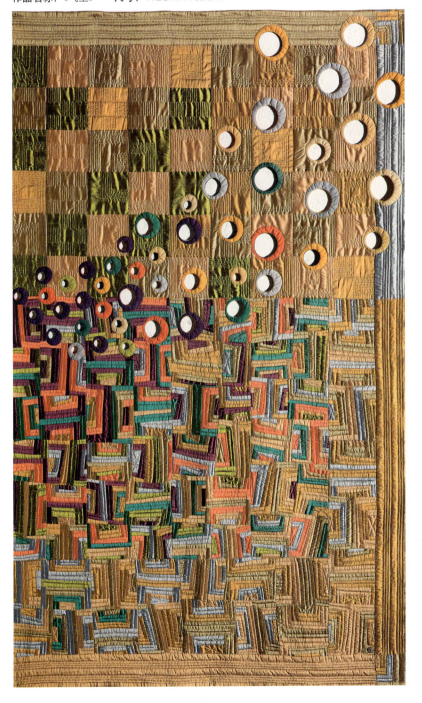

姓名：김영아（Kim Young A）
国籍：韩国

简历：1995-1997 拼布活动（美国）
　　　2001 Dongan区厅 拼布展示会
　　　2003-2004 龙仁市厅竣工纪念 拼布展示
　　　2005-2006 首尔多所中学拼布教师
　　　2009 龙仁市厅文化艺术院拼布展示
　　　现 文化中心讲师
获奖：2002 安养文艺会馆 拼布作品铜奖
　　　2007 国际拼布节拼布特别奖 3件作品
著书：《我的拼布技法105》

作品名称：Antique Time　　尺寸：230cm×250cm

INTERNATIONAL QUILT FESTIVAL—INHERITANCE & INNOVATION 2011

ARTIST NAME: Kiyoko Goto
COUNTRY: Japan

CURRICULUM VITAE:
I begin quilt in 1977.
Ikeda Masuo prize of Quilt Japan exhibition in 1993.
In 1994 AQS Quilt Show trad section 2nd place.
Japan Quilt exhibition in 20 people in 1996.
Japan Quilt exhibition in 20 people.
Visiuoins Quilt exhibition winning a prize in 1996.

ARTWORK TITLE: Celebration   SIZE: 170cm×216cm

ARTIST NAME: Kiyomi Shimada
COUNTRY: Japan

CURRICULUM VITAE:
The 2nd Quilt Japan exhibition Minister of Education prize.
"World quilt carnival NAGOYA" semi-grandprix.
one-man show in KUMAMOTO Museum of Art in 2009.
3points "old times are asked" "silent" and "nostalgia" store it to this museum.

ARTWORK TITLE: Live   SIZE: 190cm×215cm

姓名：고은경 (Ko Eun Kyung)
国籍：韩国

简历：现 文化中心讲师,韩国国际拼布协会理事,淑明女子大学拼布作家会员
获奖：SIQF2008鼓励奖, 2009 入选
　　　京乡美术展2009、2010 入选

作品名称：《数码城堡》　　尺寸：143cm×113cm

姓名：고영규 (Ko Young Kyu)
国籍：韩国

简历：高英圭拼布学院 院长
　　　韩国国际拼布协会 支会长
　　　SIQF审查委员及筹备委员
　　　大田成人教育文化中心 教授
著书：《连接心灵的美丽拼布》
　　　《拼布作家的幸福时光》（共著）

作品名称：《化合》　尺寸：172cm×172cm

ARTIST NAME: Kumiko NAKAYAMA

COUNTRY: France

CURRICULUM VITAE:

Born in Japan in 1960. I live in Paris in France for 22 years.

Graduate in design and fashion from BUNKA Fashion School – Tokyo Japan.

Fashion designer for Watanabe Yukisaburo fashion.

Work for an italian design company.

ARTWORK TITLE: Boutis   **SIZE**: 60cm×60cm、60cm×60cm

姓名：권현정 (Kwon Hyun Jung)
国籍：韩国

简历：韩国国际拼布协会 会员
2000-2009 韩国国际品布展展示
2003、2004 横滨展示
2008 IQA 展示

获奖：2006 SIQF 特等奖
2008 SIQF 优秀奖
2008 IQA 入选
2009 SIQF 特别奖

作品名称：《流淌的江》　**尺寸**：173cm×220cm

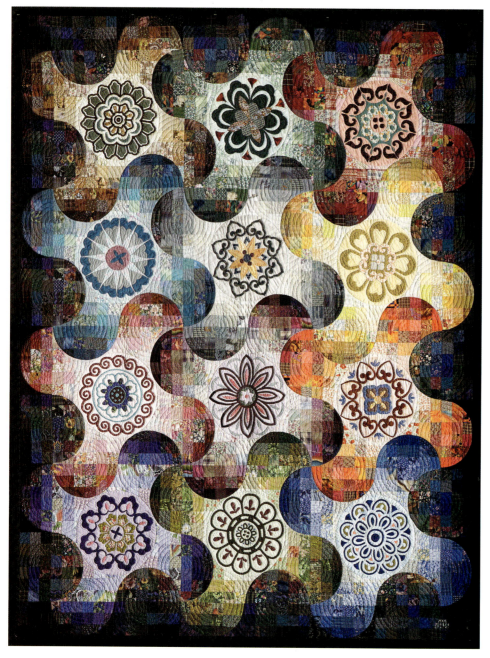

姓名：권현정 (Kwon Hyun Jung)
国籍：韩国

简历：1998、2000 YOON Quilt Festival
2002 日本横滨拼布节韩国新作展
2006-2008 艺术品布展
取得CQA手缝,机缝拼布讲师资格
2008 Donghua拼布展
SIQF特邀作家
2009、2011SIQF共同作品项目设计师

获奖：2001 YOON Quilt Festival 优秀奖
2008、2009 SIQF特别奖

作品名称：《辛巴达冒险 # 一见钟情》　　尺寸：110cm×155cm

姓名：이정수 （Lee-chungsu）

国籍：韩国

简历：新世界学院讲师

获奖：2003 韩国手工艺作品展 拼布类 最优秀奖
　　　2004 HANGIL交易主办拼布大赛 二等奖
　　　2006 SIQF传统拼布类 最优秀奖
　　　2009 IQA Traditional Pieced类 二等奖
　　　2009 Yokohama Quilt Week 入选
　　　2010 AQS Semi Finalist

著书：《机缝拼布》共著
　　　《女人的拼布日记》共著

作品名称：Bubble Dream　　尺寸：176cm×176cm

姓名：이은정 (Lee Eun Jung)
国籍：韩国

简历：拼布作家

作品名称：《欢喜》　　**尺寸**：137cm×189cm

姓名：이은숙 (Lee EunSook)

国籍：韩国

简历：韩国拼布联合会手缝拼布，机缝拼布 讲师
　　　韩国拼布联合会清州地区支部长
　　　2005 清州工艺双年展
　　　第1-3届 首尔拼布节
　　　第1-3届 首尔拼布包节
　　　2008韩国忠北工艺代表作家展

获奖：2008 清州市长表彰
　　　2007 首尔国际拼布节 机缝拼布 最优秀奖

作品名称：《特别的礼物》　　尺寸：118cm×134cm

姓名：이종경（Lee Jong Kyeong）
国籍：韩国

简历：SIQF2008邀请作家
CQA理事
新世界易买得文化中心讲师
2004 《듣고 나 가다》出版纪念展示会
2007 "打开箱子"展示会
2005 美国休斯敦IQA获奖
2007 东京国际拼布节 创作拼布类入选
2004-2008 韩国艺术拼布展

作品名称：Basler Papiermühle　　**尺寸**：143cm×155cm

姓名：이정애 (Lee Joung Ae)
国籍：韩国

简历：韩国艺术拼布协会会员
获奖：2009 SIQF机缝拼布 最优秀奖
　　　2009 东京拼布节 入选
　　　2007 American Quilter's Society 入选

作品名称：《树》　　尺寸：153cm×162cm

姓名：이정선（Lee Jung Sun）
国籍：韩国

简历：Sunquilt运营
　　　首尔拼布协会 理事
　　　第四届SIQF邀请作家
获奖：2011 第六届京仁美术展 拼布类 鼓励奖
　　　2010 第五届京仁美术展 拼布类 入选
　　　2007、2008、2009、2010、2011. TOKYO International Great Quilt Festival 入选
　　　2007、2008、2009、2010 AQS Contest Finalist

作品名称：《Phonics 的飞翔》　　尺寸：137cm×160cm

姓名：이경진 （Lee Kyung Jin）
国籍：韩国

简历：2005-2007 YOON QUILT FESTIVAL 展示
2006、2009 爱拼布会员展
2009 韩国台湾拼布交流展
2009 中国国际家用纺织品设计大赛 优秀奖（中国南通）
2009 第五届中国家纺手工精品创意大赛 银奖 (中国滨州)

作品名称：《月之秘密》

姓名：이미경（Lee Mi Kyeong）

国籍：韩国

简历：取得日本手艺协会讲师及指导资格（手缝拼布）
　　　韩国最初日本手艺协会讲师(机缝拼布)
　　　CQA理事
　　　SIQF第二届、第三届推荐作家

获奖：韩国工艺大展拼布类 特别奖(3次)
　　　SIQF(2007、2008) 特别奖
　　　QBF(2007、2008) 特别奖

作品名称：《空间》

姓名：이나래 (Lee Na Rae)

国籍：韩国

简历：Fabist首饰设计师
　　　　个人展一次，团体展多次
　　　　第五届 京乡美术展工艺类大奖
　　　　现 祥明大学校设计研究院 服饰纤维学科 纤维品牌设计专业 硕士在读

作品名称：《粉红色彩虹》　　**尺寸**：73cm×68cm×3

INTERNATIONAL QUILT FESTIVAL—INHERITANCE & INNOVATION 2011

姓名：이옥남 （Lee Ok Nam）
国籍：韩国

简历：拼布作家
获奖：2009、2010 华城市工艺品大赛入选
　　　2010 京乡美术展入选

作品名称：《四季》　　尺寸：160cm×177cm

姓名：이옥남 （Lee Ok Nam）
国籍：韩国

姓名：이수희 （Lee Soo Hee）
国籍：韩国

简历：Work Shop E2 代表
获奖：International Quilt Week YOKOHAMA 2008、2009 包类型 鼓励奖
TOKYO International Great Quilt Festival 2009 包类型 入选
QBF2009企业奖

作品名称：In the Blue　　尺寸：156cm×178cm

姓名：이성례 (Lee Seoung Rye)
国籍：韩国

简历：拼布作家

作品名称：《新年愿望》　　尺寸：185cm×185cm

姓名：李 娜（Li Na）

国籍：中国

简历：就读于清华大学美术学院染织服装艺术设计系

作品名称：《我——无形的思想》　　**尺寸：**15cm×18cm×50cm

姓名：李 薇 (Li Wei)
国籍：中国

简历：清华大学美术学院 教授 硕士生导师
获奖：2010《清、远、静》壁挂获"从洛桑到北京第六届国际纤维艺术展" 金奖
　　　2009《清、远、静》壁挂"第十一届全国美术展览" 获奖提名
　　　2009《韵》服装获"第十一届全国美术展览" 优秀奖
　　　2004《夜与昼》服装获"第十届全国美术展览" 金奖
　　　2004《夜与昼》服装获"科学与艺术"国际作品展 优秀奖
　　　1998《大漠孤烟》服装获第二届"新西兰羊毛杯" 铜奖
　　　1998《流波曲》服装获中国国际服装节"大连杯" 银奖

作品名称：《动静之间》　　材料：丝绸、绡　　尺寸：60cm×100cm

姓名：李 晰(Li Xi)

国籍：中国

简历：西安美术学院服装系教师

在国家权威刊物发表多篇作品、论文。大量从事社会各界服装及饰品设计、制作任务，并多次担当大型演出活动服装、饰物总设计。其中从2003年至今独立完成的西安市旅游精品项目"南门仿古迎宾入城仪式"服饰设计受到各方面的好评。

作品名称：《绣叠青丝》　　**材料**：丝绸、缎带、珠片等　　**尺寸**：50cm×50cm×6

姓名：李晓淳(Li Xiaochun)

国籍：中国

简历：鲁迅美术学院 染织服装艺术设计系在读硕士研究生

《灵语》2005年中国国际家用纺织品设计大赛 创意设计 优秀奖

《烙红》、《无极长生》2006年中国国际家用纺织品设计大赛 创意设计 优秀奖

"2006年全国纺织品设计大赛暨理论研讨会" 优秀奖

2006年中国纺织面料暨花样设计大赛 花样设计组 优胜奖

2007年度鲁迅美术学院本科生毕业作品《雨蝶》被评为优秀奖 留校收藏

作品名称：《新月系列——蜡缘》　　材料：绢、粗麻、绣线、铜丝　　尺寸：400cm×200cm×2

姓名：沈蓓馨（Shen Beixin）
国籍：中国

简历：2002 进入上海喜乐多拼布工作室，开始学习和从事拼布艺术创作
2006 年获得日本手艺普及协会讲师资格并成为日本手艺普及协会会员
2009 年获得日本手艺普及协会机缝高等资格
现 任拼布艺术专业讲师

获奖：2009 获得第八届世界拼布艺术展创艺奖

作品名称：《蝶之恋》　材料：棉布　尺寸：135cm×135cm

姓名：李逸朦(Li Yimeng)
国籍：中国

简历：就读于清华大学美术学院染织服装艺术设计系

作品名称：《心情》

姓名：李迎军(Li Yingjun)
国籍：中国

简历：清华大学美术学院教师、中国服装设计师协会会员。设计作品《绿林英雄》、《线路地图》、《精武门》、《满江红》、《美人计》、《霸王别姬》、《汶川羌》曾荣获国际、全国专业设计比赛金奖、银奖、国家奖等多项奖励。

作品名称：《水田衣》　　材料：羊毛织物　　尺寸：1900cm×500cm×500cm

姓名：李永平（Li Yongping）

国籍：中国

简历：中央工艺美术学院（现清华大学美术学院）教授。曾担任图案基础、织绣、抽纱设计、服装设计等教学、设计工作。著有《服装款式构成》、《童装女装设计大全》、《刺绣抽纱设计》等书。有多幅作品在国内和奥地利、日本、厄瓜多尔等国以及香港地区展出，是国内有影响的工艺美术设计家和教育家。

作品名称：《生命》

姓名：임애진 (Lim Ae Jin)

国籍：韩国

简历：Dancingneedle代表

获奖：2008 AQS(Amerrican Quilt's Society) 拼布服装展示 最优秀展示奖

著书：《女人的拼布日记》、Meets 共著

作品名称：《非洲雏菊》

姓名：임미원 (Lim Mi Won)

国籍：韩国

简历：2007、2008 QBF 邀请作家
2009 淑明女子大学拼布作家展
2009 中国家用纺织品及辅料博览会
2010 林美元个人展
2010 韩日作家2人展

获奖：2004 HANGIL交易主办 第一届拼布大赛二等奖
2006 HANGIL交易主办 第二届拼布大赛艺术类一等奖
2007 SIQF入选
2009、2010 京乡美术展 纤维工艺类 入选

作品名称：《空间2》　　尺寸：133cm×170cm

姓名：林美惠(Lin Meihui)
国籍：中国台湾

简历：TAQS 社团法人台湾蚂蚁拼布研究会常务理事
　　　Studio Art Quilt Associates (SAQA) Member
　　　2011 参展　HAQ2011艺术拼布地平线展
　　　2010 参展　This is a Quilt! SAQA's Traveling Trunk Show
　　　2010 参展　HAQ2010艺术拼布地平线展
　　　2009 参展　"靓"拼布艺术展
　　　2009 参展　TIQE2009台湾国际拼布大展

作品名称：《春回大地》　材料：棉布　尺寸：167cm×187cm

姓名：林幸珍(Lin Xingzhen)

国籍：中国台湾

简历：社团法人台湾蚂蚁拼布研究会理事长
　　　社团法人台南小区大学研究发展学会理事
　　　台南小区大学教师会理事长
　　　Studio Art Quilt Associates Professional Artist Member
　　　Studio Art Quilt Associates 台湾区代表
　　　2010 参展　美国 Beyond Comfort英国伯明翰拼布节
　　　2010 参展　从洛桑到北京第六届国际纤维艺术双年展
　　　2009 参展　2009 美国拼布大展（Quilt National 2009）
　　　2009 策展人　TIQE2009 台湾国际拼布大展

作品名称：《蓝色罂粟花》　　**材料**：市售棉布、市售染布、聚酯棉衬　　**尺寸**：170cm×170cm

姓名：刘 娜(Liu Na)

国籍：中国

简历： 天津美术学院 现代学院基础部 副主任
中国工艺美术协会 纤维艺术委员会 理事
纤维艺术作品《生命·怒放》在"从洛桑到北京"——第四届国际纤维艺术展中获优秀奖
纤维艺术作品《生命·无华》在"从洛桑到北京"——第五届国际纤维艺术展中获铜奖
纤维艺术作品《喘口气儿》在"从洛桑到北京"——第六届国际纤维艺术展中获优秀奖

作品名称：《绽》　　材料：真丝棉布、棉布　　尺寸：150cm×180cm×10cm

姓名：刘淑琴(Liu Shuqin)
国籍：中国台湾

简历：TAQS 社团法人台湾蚂蚁拼布研究会理事
社团法人台南小区大学学生会副会长
2011 参展 HAQ2011艺术拼布地平线展
2010 参与策展 非拼布可社艺术拼布展
2010 参展 HAQ2010艺术拼布地平线展
2010 参与策展 布思议艺术拼布展
2009 参展 "靓"拼布艺术展
2009 参展 TIQE2009台湾国际拼布大展
2007 参展 乐活拼布大自然拼布展

作品名称：《恸》 **材料**：棉布 **尺寸**：111cm×84cm

姓名：龙凤仪(Long Fengyi)
国籍：中国

简历：就读于清华大学美术学院染织服装艺术设计系

作品名称：《玲珑》

INTERNATIONAL QUILT FESTIVAL—INHERITANCE & INNOVATION 2011

姓名：马彦霞(Ma Yanxia)
国籍：中国

简历：天津美术学院 服装染织系 副教授
中国美术家协会天津分会 会员
中国工艺美术学会 会员
多次参加国内外国际纤维艺术展并发表多篇论文
著书：《编织壁挂》、《基础图案》

作品名称：《落英》　材料：棉布、扎染　尺寸：100cm×200cm

Page/109

姓名：Maarit Humalajarvi
国籍：芬兰

作品名称：Sadonkorjuun juhla　　尺寸：98cm×123cm

姓名：宋莹（Song Ying）
国籍：中国

简历：2008 3月开始在偶尔手工教室学习拼布。
2009 4月在偶尔拼布教室开始学习日本手工艺协会的本科高等课程，并分别取得证书
获奖：作品棒棒糖，获得上海喜乐多举办的"2009世界拼布艺术展"优秀作品奖。

作品名称：《棒棒糖》　　材料：棉布

姓名：Mayumi Ueda
国籍：日本

作品名称：Country House

ARTIST NAME: Michael James
COUNTRY: America

CURRICULUM VITAE:

Michael James is the Ardis James Professor and Chair of the Department of Textiles, Clothing & Design, College of Education and Human Sciences, at the University of Nebraska – Lincoln. James earned his M.F.A. degree in Painting and Printmaking from the Rochester (NY) Institute of Technology, and his B.F.A. in Painting from the University of Massachusetts at Dartmouth, which in 1992 conferred on him an Honorary Doctor of Fine Arts degree for his work in the area of studio quilt practice.

ARTWORK TITLE: 261-07、250-06、263-07

姓名：Miyamoto Yoshiko

国籍：日本

简历：2002-2006年东京国际拼布艺术节作品入选
2007年获东京国际拼布艺术节创作二等奖
2008年东京国际拼布艺术节审查员奖
2009年获日本拼布艺术大奖
2010年获日本拼布艺术大奖
2006年获海外国际拼布艺术大奖赛世界最佳作品奖
2007年获海外国际拼布艺术大奖赛创作最优秀奖等

作品名称：Fly Me to the Moon　　尺寸：190cm×215cm

姓名：Murakami Mitsuko

国籍：日本

简历：1999年作品参加匈牙利拼布艺术展、法国拼布艺术展
2004年世界拼布艺术大奖赛（美国）第三名
2009年东京国际拼布艺术节传统部门第一名
2010年作品招待参加东京国际拼布艺术节
2010年世界拼布艺术大奖赛国际优秀奖

作品名称：《自然生命》　尺寸：200cm×200cm

ARTIST NAME: Naoko Hirai
COUNTRY: Japan

CURRICULUM VITAE:
INTERNATIONAL QUILT ASSOCIATION ART section winning a prize.
100 quilter exhibition in the world.
100 quilter exhibition in Japanese style.
It takes an active part inside and outside the country.

ARTWORK TITLE: Sho -Heart Filled with Gratification   SIZE: 198cm × 187cm

姓名：노영희 (Noh Young Hee)

国籍：韩国

简历：现 针线拼布运营
2010 淑明女子大学博物馆展
2010 加入韩国拼布联合会
2009 上海拼布节
2008 针线拼布会员展
2006-2009 团体展

获奖：2010、2011 京乡美术展 工艺类 入选及特别奖
2008 首尔国际拼布节 企业奖
2000 韩国国际拼布协会展 金奖
1999 草田纤维博物馆 特别奖

著书：《我的拼布》

作品名称：《四季》　尺寸：153cm×122cm

ARTIST NAME: Noriko Shimano
COUNTRY: Japan

CURRICULUM VITAE:
A lot of winning inside and outside the country.
Patchwork classroom starting a course in 1982.
The production of the kit is handled.
Playing an active part in the event and the magazine etc, of the patchwork.
"Japanese style" and modern is produced and the work.

ARTWORK TITLE: An Arabesque II   SIZE: 200cm×200cm

姓名：오선희（Oh Sun Hee）
国籍：韩国

简历：Quilt jeeum 代表
SIQF一代邀请作家/CQA运营理事，首尔支会长
获奖：2008 AQS Machine Quilt, Wearable Finalist
著书：《用缝纫机作品布》、*JEEUM Style 24 Bags*

作品名称：Showing Time 2　　尺寸：115cm×110cm

姓名：潘 璠(Pan Fan)
国籍：中国

简历： 西安美术学院服装系讲师
服装服饰艺术设计作品《素问》入选第十一届全国美术作品展览
著书：《电脑时装艺术》、《服装款式构成》等

作品名称：《荷韵》　　材料：毡、绡、珠子　　尺寸：130cm×100cm

姓名：潘辽洲(Pan Liaozhou)
国籍：中国
简历：清华大学美术学院染织服装艺术设计系 硕士

姓名：王 倩(Wang Qian)
国籍：中国
简历：清华大学美术学院视觉传达设计系 硕士

姓名：金秀辰(Jin Xiuchen)
国籍：韩国
简历：清华大学美术学院视觉传达设计系 硕士

姓名：刘 霞(Liu Xia)
国籍：中国
简历：清华大学美术学院信息艺术设计系动画设计 硕士

作品名称：《平安》

姓名：박애실 (Park Ae Sil)
国籍：韩国

简历：韩国拼布协会 讲师
获奖：2007横滨家纺类 赞助商奖
　　　2008 SIQF特别奖
　　　2009 中国国际家用纺织品及辅料大赛 邀请展
　　　2010 中国滨州纺织品设计大赛银奖
　　　1994—现在 Quilt Qark共同运行，讲师
　　　1998、2001、2004、2009 '爱拼布'会员展
　　　Yoon Quilt 展示参加

作品名称：My Precious　　尺寸：180cm×140cm

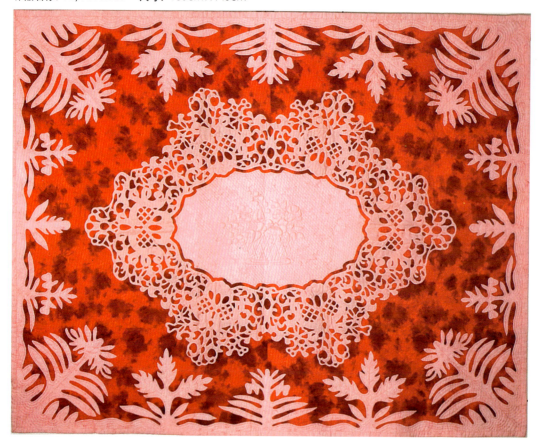

INTERNATIONAL QUILT FESTIVAL—INHERITANCE & INNOVATION 2011

姓名：박정희 (Park Jung Hee)
国籍：韩国

简历：SIQF2006 特别奖，2007入选，2008鼓励奖
SIQF2010 中国家用纺织品行业协会奖
第三届韩日友好品布展 入选
第四届韩日友好品布展传统类 三等奖
2004年至今 参加韩国国际拼布展展示

作品名称：《晚霞》   尺寸：213cm×213cm

Page/123

姓名：박정순 (Park Jung Soon)
国籍：韩国

简历：Yoon Quilt 讲师
　　　参加第7～12届韩国拼布展
　　　参加第3～9届Yoon Quilt会员展
　　　现 运营水原White Quilt
获奖：2010首尔国际拼布节特等奖，技艺奖

作品名称：《花与蝶》　尺寸：214cm×214cm

姓名：박경신 (Park Kyoungshin)

国籍：韩国

简历：2002 韩国工艺展 入选
  2003 韩国传统工艺展 入选
  2004 第一届全国拼布大赛 入选
  2006 KYUNGHYANG Housingfair Art Festival 入选
    第二届 京乡美术展 入选
  2010 京乡美术展 特别奖

作品名称：《折纸》 尺寸：140cm×140cm

姓名：박경혜 (Park Kyung Hae)

国籍：韩国

简历：2008 SIQF机缝拼布类 鼓励奖
　　　2008 QBF 企业奖
　　　2009 SIQF 机缝拼布类 入选
　　　2009 蔚山现代百货店 邀请展示
　　　2010 仁寺洞京仁美术馆 邀请展示
　　　2010 SIQF机缝拼布类 优秀奖
　　　2008 取得CQA拼布讲师资格证

作品名称：《想飞》　　尺寸：156cm×123cm

姓名：박미경 (Park Mi Kyung)

国籍：韩国

简历：拼布作家

作品名称：《幸福》　　尺寸：140cm×140cm

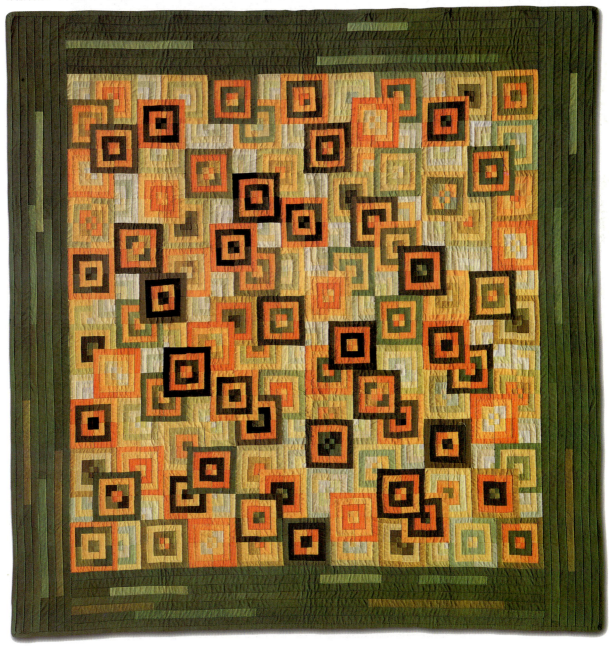

姓名：박소영 （Park So Young）

国籍：韩国

简历：抱川市女性会馆 讲师
　　　涟川郡女性会馆 讲师
　　　抱川市易买得文化中心 讲师

著书：《缝纫机拼出的幸福之家DIY》

作品名称：《求婚》　尺寸：125cm×150cm

姓名：박영혜 （Young-hye Park）
国籍：韩国

简历：2000 韩国日本拼布交流展
2006-2009 首尔国际拼布节展示
现 Homeplus文化中心 拼布讲师
拼布篮子教室运营
获奖：2000韩国国际拼布协会拼布大赛铜奖
著书：《拼布家的幸福同行》共著

作品名称：《荷塘》　　尺寸：142cm×114cm

姓名:박영실 (Park Young Sil)

国籍:韩国

简历:2005 淑明女子大学 设计研究院 拼布最高指导课程

现 Quilt Park 运营

1995—现在 Yoon Quilt Festival 展示

1998—现在 主办爱拼布会员展

2004—现在 韩国艺术拼布展展示

2005 IQW大阪展示

2006—2007 首尔国际拼布节展示

2007 IQW 横滨拼布节 鼓励奖 参展商奖

作品名称:《厢房》 尺寸:205cm×227cm

ARTIST NAME: Pascale Goldenberg
COUNTRY: Germany

CURRICULUM VITAE:

　　Born in Paris in France in 1960.Studies: PHD in geology in Grenoble France. Since 1996, she had personal exhibits in France and Germany and numerous group exhibits in Europe, USA and Japan. She is a free-lance textile professor specialized in teaching "technical advanced composition with recycled material". Numerous articles about her have been published in European magazines. She has launched in Afghanistan in 2003 an hand embroidery project that involves 200 women embroiderers who are able to live on their own with these revenues. She published a book about this project : « Threads unite » at Maro publishing company in Germany.

ARTWORK TITLE: Jours pour un jardin　　SIZE: 101cm×99cm

ARTIST NAME: Petra Prins
COUNTRY: Netherlands

CURRICULUM VITAE:
Petra Prins is the owner of 2 famous quilt shops in Netherlands: Den Haan &Wagenmakers in Amsterdam and Petra Prins in Zuphten, she is designing fabrics for Windham fabrics company in the USA and she teaches in Europe and USA.

ARTWORK TITLE: De schaar er in   SIZE: 157cm × 185cm

姓名：秦寄岗(Qin Jigang)
国籍：中国

简历：清华大学美术学院染织服装系副教授
从事多年服装专业教学与研究工作

作品名称：《玫瑰痕》　　材料：丝绸、绡、丝线　　尺寸：60cm×80cm

姓名：Reiko Kato
国籍：日本

作品名称：Starry Path

姓名：임영해（Rhim Young Hae）

国籍：韩国

简历：2005 Fraser Valley Quilter's Guild Quilt Show 邀请作家
2006 'A patchwork of belonging' 展示会(Surrey Museum, BC, Canada)
2009 'International Year of Natural Fibres纪念展示会' 参加(Surrey Museum, BC, Canada)
2010 林英海拼布邀请展(Gallery Foryou, Seoul, Korea)
2003-2011 加拿大温哥华地区及美国贝灵汉地区拼布教室讲师

作品名称：《贴窗纸》　尺寸：150cm×150cm

ARTIST NAME: Rosario Casanovas
COUNTRY: Spain

CURRICULUM VITAE:
I come from a family involved with finishing and dyeing textiles for many generations, and I like to think this had something to do with my love for textiles. I own a quilt shop, a wholesale business, and teach a lot of classes and this allows me only to play with a very small portion of my ideas, and finish a few small projects every year.

ARTWORK TITLE: Ripples   SIZE: 70cm×70cm

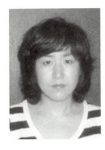

姓名：서애숙 (Seo Ae Suk)

国籍：韩国

简历：2Art Quilt 会员

SIQF 作家会员

获奖：2008.3 拼布饰品节 最优秀奖

2008.10 首尔国际拼布节 企业奖

2009.1 日本东京国际拼布节入选

2009.3 拼布饰品节评委

2009.11 首尔国际拼布节 作家奖

2010.10 中国家纺手工精品创意大赛 铜奖

作品名称：《爸爸的歌》　尺寸：170cm×175cm

姓名：沈晓平(Shen Xiaoping)

国籍：中国

简历：天津美术学院设计艺术学院服装染织设计系副教授
  2007-2008 新西兰尤尼泰克理工学院和奥克兰商学院访问学者及研修
  2008 作品获"2008年亚洲联盟超越设计展"最佳作品奖
  2008 作品参加"2008中日纤维艺术交流展"

作品名称：《三重奏》　　材料：棉纤维　　尺寸：240cm×75cm

姓名：盛佩娟(Sheng Peijuan)
国籍：中国

简历：一直以来对各种手工制作都非常感兴趣。于 2009 年 10 月开始在偶尔拼布教室学习日本手艺普及协会开设的拼布本科高等课程，现已取得本科证书。2010 年 11 月参加喜乐多主办的"2010 世界拼布艺术展"，作品"如意"获得三等奖。

作品名称：《如意》　　**材料**：全棉布　　**尺寸**：150cm×150cm

姓名：石历丽(Shi Lili)
国籍：中国

简历：西安美术学院服装系教师、中国服装设计师协会会员。出版专著《服装面料再造设计》，在核心期刊发表多篇论文与作品，获得第六届全国高校师生书画艺术展教师组一等奖、陕西省大学生艺术教育科研论文三等奖、第七届、第十届全国纺织品设计与理论研讨会"优秀奖"等。

作品名称：《荷塘月色》　　**材料**：熟绢、真丝绡、纱　　**尺寸**：80cm×120cm

姓名：신현주 (Sin Hyun Joo)

国籍：韩国

简历：Quiltmari运营，中学讲师，居民自治团体讲师
　　　淑明女子大学作家会会员，京乡美术协会会员

获奖：第二届韩日友好品布展
　　　京乡美术展 入选及特别奖

作品名称：Imagination　　尺寸：133cm×130cm

姓名：손재순 (Son Jae Soon)
国籍：韩国

简历：友情拼布 代表
　　　SIQF运营委员
　　　友情拼布讲师
获奖：2008年中国家用纺织品设计大赛 铜奖

作品名称：《花》　尺寸：170cm×170cm

姓名：송미라 （Song Mi La）
国籍：韩国

简历：友情拼布讲师
SIQF2010 优秀奖
中国国际家用纺织品设计大赛 银奖

作品名称：《高音》　　**尺寸**：212cm×225cm

ARTIST NAME: Takako Ishinami
COUNTRY: Japan

CURRICULUM VITAE:
The world Quilt carnival silver prize in 2002.
"Quilt week YOKOHAMA" semi-grand prix in 2007.
Quilt Japan exhibition etc. a lot of awarded prize.
Quilt ROMAN supervise.

ARTWORK TITLE: Autumu to Where   SIZE: 190cm×190cm

姓名：탁정은 （Tark Jung Eun）
国籍：韩国

简历：2010SIQF运营委员
　　　KIQA光州支部长
　　　快乐拼布之家 院长
　　　新世界学院 讲师
　　　Yangsan中学 拼布讲师
获奖：2007QBF企业奖
　　　2008、2009 QBF特别奖
　　　2007、2008 SIQF鼓励奖
　　　2009 SIQF特别奖

作品名称：《夕阳西下》　　尺寸：180cm×180cm

姓名：田 青 (Tian Qing)
国籍：中国

简历：2005 作品《光》参展"触发和异层"第六届国际扎染展
　　　2006 作品《交融》、《星河》参展第二届"艺术与科学国际作品展"
　　　2007 作品《永恒》参展"日本第五届亚洲纤维艺术作品展"
　　　2008 作品《天外天》、《牛仔创意》系列参展"全国纺织品面料创意展"
　　　2009 作品《天人合一》系列参展"中俄女艺术家作品展"、"上海民族民
　　　　　 俗民间文化博览会"、"第五届中国现代手工艺术学院展"
　　　2010 作品《羌山依旧》参展在中国上海举办的世界博览会
　　　现任清华大学美术学院染织服装艺术设计系教授、博导

作品名称：《听》　材料：绡　尺寸：112cm×1000cm

姓名：田 顺(Tian Shun)
国籍：中国

简历：2009年毕业于清华大学美术学院染服系，获硕士学位。现为西安美术学院教师。作品多次参加国际、国内展览、比赛，获得金银铜等多项奖励。发表学术论文多篇，论文多次在国际理论研讨会中获奖。

作品名称：《消逝中的文化》　　材料：棉纤维　　尺寸：90cm×250cm

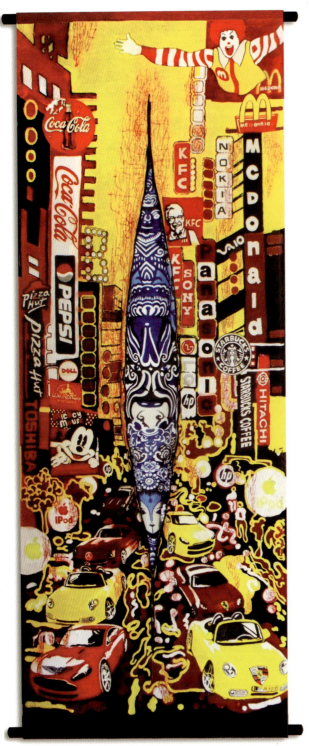

姓名：Tuula Makinen
国籍：芬兰

作品名称：MEDALLION　　尺寸：140cm×120cm

姓名：王丽君(Wang Lijun)

国籍：中国台湾

简历：TAQS 社团法人台湾蚂蚁拼布研究会常务理事
　　　Studio Art Quilt Associates (SAQA) Member
　　　2011 参展　HAQ2011艺术拼布地平线展
　　　2010 参展　This is a Quilt! SAQA's Traveling Trunk Show
　　　2010 参展　HAQ2010艺术拼布地平线展
　　　2009 参展　"靓"拼布艺术展
　　　2009 参展　TIQE2009 台湾国际拼布大展

作品名称：《天使之翼》　　材料：棉布　　尺寸：94cm×140cm

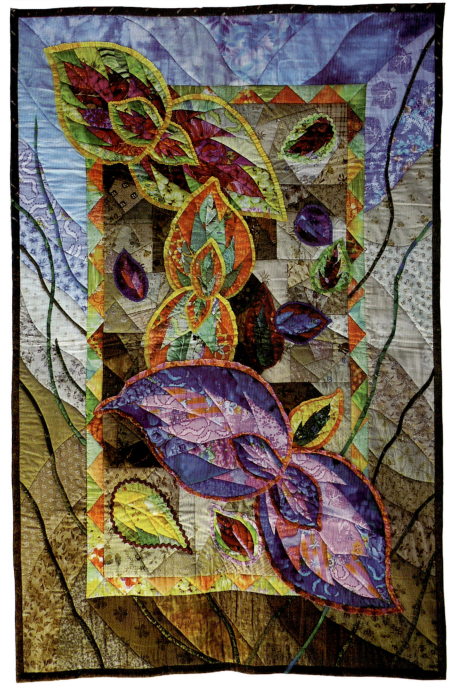

姓名：王庆珍 (Wang Qingzhen)
国籍：中国

简历：鲁迅美术学院教授
中国流行色协会理事
纤维作品多次参加国内外纤维展
2009年在北京举办个人纤维作品展
2009年在鲁迅美术学院举办个人纤维作品展

作品名称：《21》　　材料：棉布、珠子、扣子、蕾丝、中草药等　　尺寸：60cm×60cm

姓名：王 霞 (Wang Xia)
国籍：中国

简历：2010年毕业于清华大学美术学院，获得硕士学位，同年考入清华大学美术学院，攻读博士学位
作品多次参加国际国内各类纺织艺术展及纺织品设计大赛，并多次荣获各类奖项。

作品名称：《等待》　　材料：纯棉　　尺寸：55cm×55cm

姓名：王 苑(Wang Yuan)
国籍：中国

简历：就读于清华大学美术学院染织服装艺术设计系

作品名称：《家乡》

姓名：王圆圆(Wang Yuanyuan)

国籍：中国

简历：2007 年 9 月跟随偶尔老师学习拼布，期间完成了本科课程取得了本科证书。参加了两届喜乐多的拼布展。

作品名称：《迷离》　　材料：全棉布　　尺寸：180cm×220cm

姓名：WATANABE, Hiroko

国籍：日本

简历：日本多摩美术大学本科毕业后，赴法国和芬兰留学
多摩美术大学名誉教授
日本Textile Design协会会长
国际纤维艺术双年展（瑞士）、国际纤维艺术双年展（波兰）
国际微型纤维艺术展、现代艺术双年展（法国）
COMO Arte & Arte (意大利)、中国国际纤维艺术双年展等诸多海外展
曾在日本、芬兰、瑞典、德国、意大利等国举办个展
曾获文部大臣奖、京都新闻社奖、Good Design奖及海外优秀奖等诸多奖项
曾担任国际纤维艺术双年展（波兰）、法国、意大利、中国等国家的国际评审

作品名称：《纤维之芽》

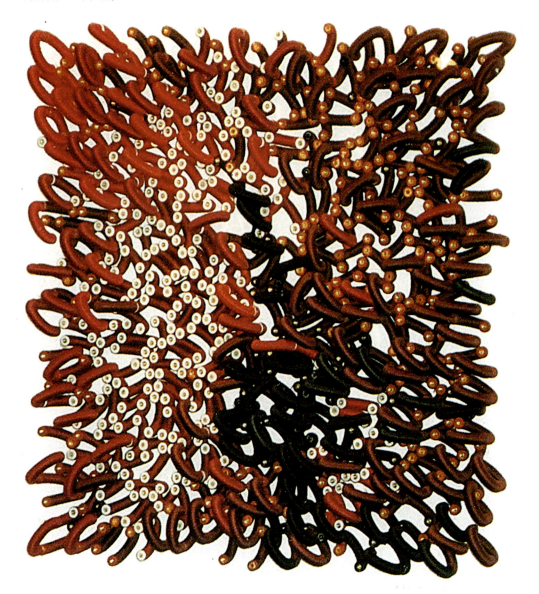

姓名：吴 波 (Wu Bo)
国籍：中国

简历：清华大学美术学院 副教授
　　作品多次参加国内外展览，并荣获多项金、银奖，以及"国际最佳青年服装设计师"称号。多篇论文发表于核心期刊、国际理论研讨会论文集，其中四篇获优秀论文奖。著有《服装设计表达》、《服装效果图技法》等教材。

姓名：朱小珊 (Zhu Xiaoshan)
国籍：中国

简历：清华大学美术学院 副教授
　　作品多次参加国内外展览，曾发表论文"纸上的游戏""衣服中的情感"及《服装设计基础》、《服装配饰剪裁教程》、《艺术设计赏析》、《服装工艺基础》等教材。

作品名称：《行云流水》　　尺寸：200cm×300cm

姓名：吴越齐(Wu Yueqi)
国籍：中国

简历：2001—2005 清华大学美术学院染织服装艺术设计系染织专业 BA
2007—2009 清华大学美术学院染织服装艺术设计系染织专业 MA
2009—今 广州美术学院工业设计学院（原设计学院）纤维造型工作室任教

作品名称：《青绿·山水》　　材料：化纤面料　　尺寸：150cm×170cm×3

姓名：许韫智(Xu Yunzhi)

国籍：中国

简历：2005—2009年就读于清华大学美术学院装潢艺术设计系，2009年考入清华大学美术学院染织艺术设计系硕士生。2010年作品《和》参展第七届亚洲纤维艺术展。

作品名称：《七巧》　　材料：羊毛　　尺寸：50cm×50cm

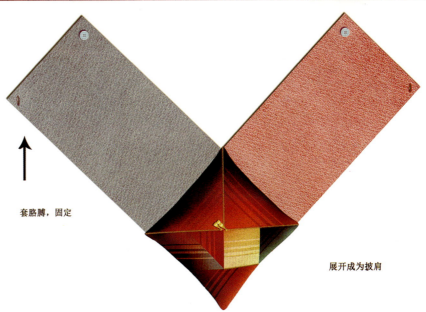

套胳膊，固定

展开成为披肩

姓名：양진국 （Yang Jin Gook）
国籍：韩国

简历：韩国国际拼布协会展5次参加（2001、2004、2007、2009、2010）
第二届 Contemporary 拼布展
大田生活中艺术拼布爱好者联合展(2009、2010)

获奖：SIQF2010 机缝拼布类企业奖
SIQF2009 Apron Event Quilt 铜奖
2009中国国际家用纺织品设计大赛 优秀奖

作品名称：《梦中的单车》　　尺寸：110cm×166cm

姓名：杨锦雁 (Yang Jinyan)

国籍：中国

简历：2010年清华大学美术学院 硕士研究生毕业
　　　作品《三月》2009年获"全国纺织品设计大赛"优秀奖
　　　作品《山水之间》系列作品入选2010年"第七届亚洲纤维艺术展"
　　　作品《奇色异彩》获2010年中国国际家用纺织品设计大赛铜奖
　　　作品《万物生》入选2010年"从洛桑到北京"第六届国际纤维艺术双年展

作品名称：《寻找香巴拉》　材料：棉纤维　尺寸：150cm×90cm

姓名：양정숙（Yang Jeong Sook）

国籍：韩国

简历：2005 韩国拼布文化协会 本科、高等科 结业
　　　2005 日本文公部 手工艺协会 拼布类 本科 结业
　　　现 岭南大学研究生院在学
　　　Quilt & story 运营

获奖：2005 大邱主办拼布大赛 入选
　　　2006 全国工艺品展 入选
　　　2007 Digital Textile 入选
　　　2007、2008 国际拼布节 入选及特别奖
　　　2009 QBF 入选

作品名称：《花风》　尺寸：200cm×140cm

姓名：杨 楠 (Yang Nan)
国籍：中国

简历：2006年开始接触拼布艺术，并于年底跟随日本老师正式开始手缝拼布的学习至今。

作品名称：《自由》　材料：棉纤维　尺寸：130cm×150cm

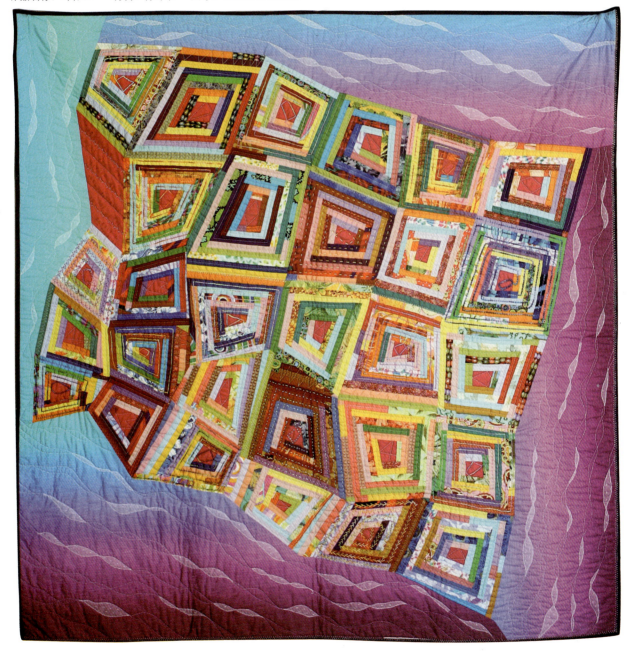

ARTIST NAME: Yasuko Saito
COUNTRY: Japan

CURRICULUM VITAE:
I begin patchwork in 1982.
a lot of winning inside and outside the country such as quilt Japan exhibition, quilt National.
I act as a "vogue quilt private supplementary school" lecturer from 2001.
I deal with design "じゃぱねすく Yasuko" of the cloth.

ARTWORK TITLE: Movement #4   SIZE: 206cm×190cm

INTERNATIONAL QUILT FESTIVAL—INHERITANCE & INNOVATION 2011

姓名：YAZAWA Junko

国籍：日本

简历：曾担任平面设计师
从事拼布艺术创作30年
作品多次参加日本及海外拼布艺术展
为杂志、书籍提供诸多作品

作品名称：《阳光下的玫瑰》　　尺寸：200cm×225cm

Page/163

姓名：유계선 (Yoo Kye Sun)
国籍：韩国

简历：第五届SIQF邀请作家；韩国国际拼布协会会员；韩国缝纫协会讲师；
乐天百货店文化中心讲师；Hangil公司缝纫讲师

获奖：第一届韩国拼布大赛机缝拼布获奖(1999)
第二届韩国拼布大赛机缝拼布获奖(2006)
Kyunghyang Housing Fair Art Festival 鼓励奖(2010)
京乡美术展入选(2010)

著书：《从头开始学缝纫》(2009) 共同撰写

作品名称：《循环》   尺寸：160cm×128cm

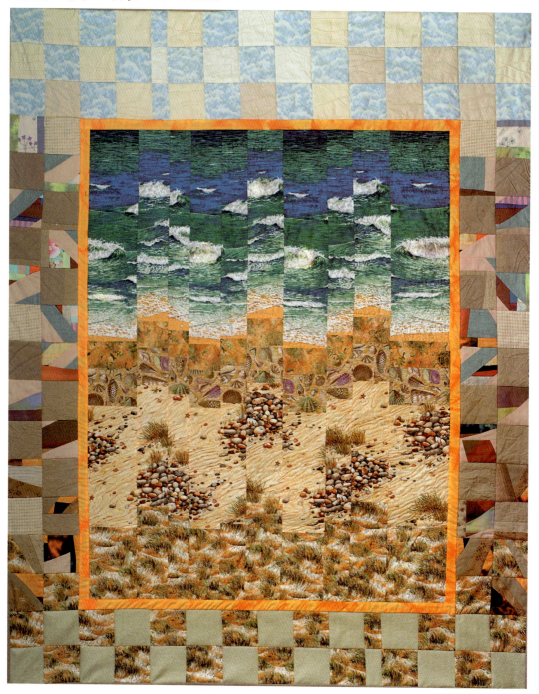

ARTIST NAME: Yoshi Nishimura
COUNTRY: Japan

CURRICULUM VITAE:
I begin quilt in 1979.
I had my quilt class in 1983.
I was accepted AQS.IQA. Quilt EXPO contests.

ARTWORK TITLE: Two Flows SIZE: 160cm × 183cm

姓名：Yoshiko Sekine
国籍：日本

作品名称：Sunbonnnet Sue and Billy

ARTIST NAME: Yoshiyki Ishizaki
COUNTRY: Japan

CURRICULUM VITAE:
To the Kuwasawa design school graduation and the Issey Miyake office.
The 2nd Qulit Japan exhibition gold prize and Masuo Ikeda prize.
Japan Quilt exhibition in 20 people.
Needlwork Japan exhibition etc.

ARTWORK TITLE: The Sea of Clouds 6-city   SIZE: 143cm×88cm

ARTIST NAME: Yoshiyki Ishizaki
COUNTRY: Japan

姓名：有雯雯(You Wenwen)

国籍：中国

简历：2009—今，河南工程学院艺术设计系染织艺术设计教研室教师

2009 论文《室内装饰织物的符号学浅析》获 2009"河南之星"设计艺术大赛学术论文二等奖

设计作品壁挂《支流》获 2009"河南之星"设计艺术大赛设计作品优秀奖

2010 论文《现代社会生活方式下传统工艺面料的发展方向》入选《第五届亚洲设计文化学会国际研讨会》

作品名称：《延伸的蓝色》　　材料：棉布　　尺寸：280cm×180cm

姓名：윤희숙 （Youn Hee Sook）
国籍：韩国

简历：NEWKOREA(平泽)拼布讲师
　　　NEWKOREA(安山)拼布讲师
　　　Samsung Noble County拼布讲师
获奖：草田纤维展 第一届 入选
　　　京乡美术展纤维类 特别奖
著书：《实用拼布》、《拼布作家的幸福同行》 共著

作品名称：《霜花》　　尺寸：150cm×208cm

ARTIST NAME: Youn Hee Sook
COUNTRY: Japan

CURRICULUM VITAE:
 It meets the quilt in 1990.
It is a picked for the first time on the "Kiyosato quilt week" of 1993.
Yoshiko katagiri classroom belonging.
Member of Japanese contemporary quilt association.

ARTWORK TITLE: GOKAYAMA Blue a Sunset Gloam   SIZE: 220cm×202cm

姓名：于婷婷(Yu Tingting)

国籍：中国

简历：2009年考入清华大学美术学院染织艺术设计系，攻读硕士学位。

作品名称：《蓝·源》　　材料：纯棉布　　尺寸：90cm×90cm

姓名：Yumiko Hirasawa
国籍：日本

作品名称：《友情之杯》　尺寸：197cm×127cm

姓名：张宝华(Zhang Baohua)

国籍：中国

简历：清华大学美术学院副教授、硕士生导师
中国家用纺织品行业协会家纺艺术文化专业委员会委员
中国家用纺织品行业协会设计师协会副会长
中华全国工商业联合会纺织服装商会专家委员会委员
中国流行色协会第八届理事会理事（2009-2014）、色彩教育委员会委员

作品名称：《石水间》　　材料：真丝面料、麻纤维与化学纤维交织面料　　尺寸：90cm×90cm

姓名：张 慧 (Zhang Hui)
国籍：中国

简历：鲁迅美术学院硕士研究生在读

作品名称：《凝》　材料：麻　尺寸：220cm×50cm×3

姓名：张 江(Zhang Jiang)

国籍：中国

简历：就读于清华大学美术学院染织服装艺术设计系

作品名称：《紫色玫瑰》

姓名：张靖婕(Zhang Jingjie)

国籍：中国

简历：山东工艺美术学院教师，担任教学工作

2009年赴清华大学美术学院染织专业访问学习

主要作品有《流年》、《天》、《地》、《形之素》《简单生活》等

作品名称：《本原》　　材料：棉布　　尺寸：30cm×42cm×5

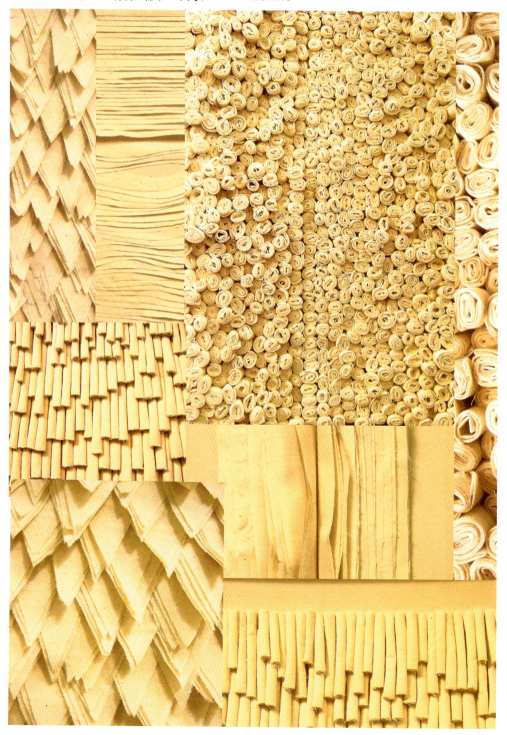

姓名：张 莉 (Zhang Li)

国籍：中国

简历：西安美术学院服装系系主任、教授、硕士研究生导师。学术论文、设计作品多次发表于国家核心期刊、行业期刊，出版教材《图案•空间文化•设计》。入选全国第九届、第十届、第十一届美展；入选第三届、第十届全国纺织品设计大赛暨理论研讨会。

作品名称：《夜与昼》　　材料：纱　　尺寸：60cm×600cm

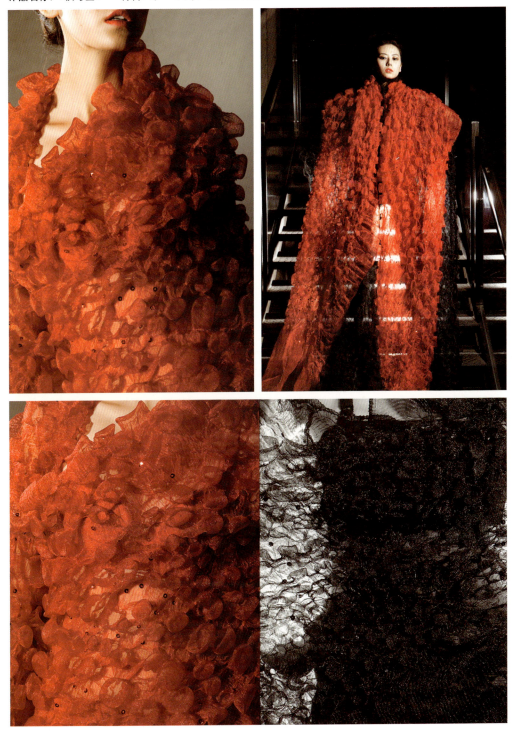

姓名：张树新(Zhang Shuxin)
国籍：中国

简历：清华大学美术学院染织服装艺术设计系副教授 硕士研究生导师
北京工艺美术学会理事、中国工艺美术学会纤维艺术专业委员会理事
编织壁挂《烛光．汶川》入选"从洛桑到北京"第五届国际纤维艺术双年展（2008.11）
编织壁挂《后青花时代》入选"精工造物"——第四届中国现代手工艺术学院展（2008）
编织壁挂《流光》入选"2009 中日韩美国际交流展示会"（2009）
编织壁挂《东学西渐》入选"第七届亚洲纤维艺术作品展"（2010.3）

作品名称：《汉学意象》　材料：综合纤维材料　尺寸：140cm×140cm

姓名：张秀幸(Zhang Xiuxing)

国籍：中国台湾

简历：TAQS 社团法人台湾蚂蚁拼布研究会常务监事
Studio Art Quilt Associates (SAQA) Member
2010 参展 This is a Quilt! SAQA's Traveling Trunk Show
2010 参展 HAQ2010艺术拼布地平线展
2009 参展 "靓"拼布艺术展
2009 参展 TIQE2009台湾国际拼布大展
2008 参展 恋恋府城大自然拼布展

作品名称：《琼絮红棉》　　材料：棉布　　尺寸：46cm×106cm×2

姓名：张玉萍 (Zhang Yuping)

国籍：中国

简历：网名偶尔，2006年11月开始学习日本手艺协会的拼布证书，两年时间完成所有作业取得讲师资格。2007年9月在上海开设偶尔手工教室至今，为日本手工艺协会指定教室。并在深圳昆明，北京，大连，杭州，南京，武汉等地开班授课，学生遍布全国各地。学生作品在国内的各届不同的拼布展中，都有不同的作品不同的学生获大奖。在2010年12月的韩国拼布展中，学员罗鸿宇获得一等奖。

作品名称：《心韵》　材料：全棉布　尺寸：175cm×175cm

姓名：赵 毅 (Zhao Yi)
国籍：中国

简历：2007年开始拼布专业学习
2008年组织北京拼布疯狂分子到台湾王静茹老师学习
2009年8月师从冈本洋子老师学习讲师养成班
2010年8月顺利取得日本手艺普及协会讲师资格证书

作品名称：《草原上的五彩星壁饰》　　材料：蒙古织锦、棉布、铺棉　　尺寸：180cm×180cm

姓名：郑晓红(Zheng Xiaohong)
国籍：中国

简历：中国人民大学艺术学院任教 副教授
2002　中国南京艺术学院美术馆举办纤维艺术个展
　　　广岛陶木画廊举办纤维艺术个展
　　　纤维的意向—时代的波动展（东京多摩美术大学美术馆）
2003-2010　每年参加第四届至第八届全国纺织品设计大赛及全国纺织品学术研讨会
2006-2010　每年参加第四届至第七届亚洲纤维艺术展
2009　第十三届全国美展版画入选

作品名称：Inner Light　　材料：涤纶棉面料　　尺寸：90cm×90cm

姓名：朱医乐 (Zhu Yiyue)
国籍：中国

简历：天津美术学院 服装染织系 副教授
2010年作品《叠压》选入"从洛桑到北京"第六届国际纤维艺术双年展
2010年作品《轮回》入选国际艺术交流展 韩国现代美术展
2010年作品《聚合》选入梦幻滨海国际现代美术展
2010年作品《叠合》1-4系作品参加亚洲联盟超越展（展出地点：韩国、日本、中国大陆、中国台湾）

作品名称：《塑造》　　材料：化学纤维、棉纤维、麻纤维　　尺寸：80cm×120cm

姓名：庄惠兰(Zhuang Huilan)
国籍：中国台湾

简历：TAQS 社团法人台湾蚂蚁拼布研究会理事
　　　Studio Art Quilt Associates (SAQA) Member
　　　2011 参展　HAQ2011艺术拼布地平线展
　　　2010 参展　This is a Quilt! SAQA's Traveling Trunk Show
　　　2010 参展　HAQ2010艺术拼布地平线展
　　　2009 参展　"靓"拼布艺术展
　　　2009 参展　TIQE2009台湾国际拼布大展
　　　2008 参展　恋恋府城大自然拼布展

作品名称：《生生不息》　　材料：棉布　　尺寸：120cm×148cm

姓名：陈晓燕(Chen Xiaoyan)　　国籍：中国　　作品名称：《四合院》

姓名：李岩青(Li Yanqing)　　国籍：中国　　作品名称：《城市》

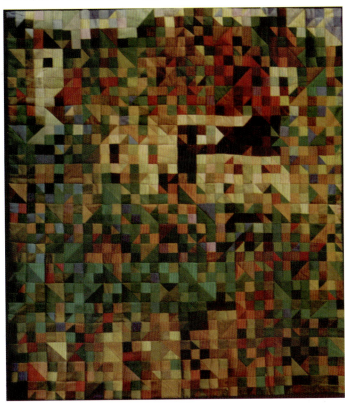

姓名：毛碧媛(Mao Biyuan)　　国籍：中国　　作品名称：《太阳》

姓名：魏丽娜(Wei Lina)　　国籍：中国　　作品名称：《城市之光》

对凤对鱼纹背被　贵州台江革一苗族（1）

对凤对鱼纹背被　贵州台江革一苗族（Ⅱ）

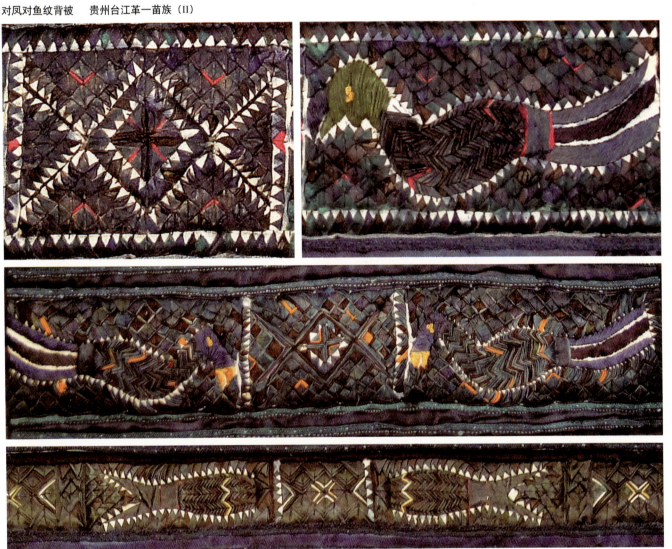

几何纹背被　贵州黑苗（I）